飼い主さんに伝えたい130のこと

うさぎがおしえる うさぎの本音

監修
石毛じゅんこ
老うさホーム「うさこんち」代表
今泉忠明
哺乳類動物学者

イラスト
井口病院

はじめに

うさぎのみなさん、こんにちは。
楽しいうさぎライフを過ごしていますか？
わたしたちは人間の比較的近くで暮らしていますが、
ポーカーフェイスなわたしたちのこと、
人間のほうではまだあまりよくわかっていないようで、
困ってしまうこともありますね。
人間と暮らすなかでの困りごと、
わたしたち自身の体や習性のことなど、

うさぎ博士であるわたしがバッチリ解説しますよ。
この本を読んでもらうことで、
みなさんのうさぎライフを
ますます充実したものにしていただけたら
とてもうれしいです。
健康・長生きで、飼い主との関係も良好な
楽しいうさぎライフになりますように!

うさ先生
石毛じゅんこ

おしえて！ うさ先生

ネザ美

ネザーランドドワーフ・♀
女王様気質。

うさ先生

ヒマラヤン・♀
何でも知ってる博識うさぎ。

うさお

ミニウサギ・♂
ヤンチャ。

ロプ太

ホーランドロップ・♂
甘えん坊。

ファジーさんち
みたいに
おとなの
飼い主が
子どもに
きちんと
うさぎの
扱いを
教えていれば
いいけど……

ネザ美さんちは
飛びシッコや

激しく足ダンして
「近づくな！」って
わからせましょう！

モフヨ

ジャージーウーリー・♀
ぶりっこ。

ファジー

アメファジ・♀
おっとり。

ジャイコ

フレミッシュジャイアント・♀
でかい。

レオ

ライオンラビット・♂
ナルシスト。

CONTENTS

3章
うさぎの生活

4章
人との暮らし

5章
体のヒミツ

6章
うさぎ雑学

ロプ
ロプ

本書の使い方

本書は、読者にやさしい一問一答スタイル。
みなさんの疑問に対して、わたし（うさ先生）がお答えします。

1章

うさぎのキモチ

何げないしぐさに隠されたうさぎの本音。
あなたのキモチ、バレてますよ！

そんなにバカじゃないよ！

＃キモチ　＃かしこさ

かしこいからこそ行動に個性が出る

どこのどいつですか！　うさぎをバカにするなんて……。だいたい、「かしこさ」ってなんですか？　芸をすること？　飼い主の言うことを聞くこと？　うさぎよりペット歴の長い犬のおかげで、人間が勝手に幻想し、本当に困りものです。そのかしこさは、言いかえれば「人間に都合がいい」ってだけ。うさぎがかしこい証拠に、飼育書どおりに育ててもうまくいかないことが挙げられます。飼育書からはみ出す行動こそが「個性」。うさぎ1匹1匹が思考している証しなのです。

飼い主さんへ　「うちの子、トイレを覚えないからバカだわ」などと、うさぎの前で言わないでください。トイレを使わないことに、その子なりのこだわりがあるはずです。そこに気づけるかどうかが、「かしこい飼い主」との分かれ目です。

Column

うさぎの性格

性格は、もって生まれた先天的なものと、飼育環境に左右される後天的なものから形成されます。生まれつき臆病なうさぎもいれば、細かいことは気にしない大らかなうさぎもいて、飼われ方によって元々の性格が増強されたり、変わったりするのです。

もちろん個性があるので、「うさぎは〇〇な性格」のように十把ひとからげに言うことはできません。それでも、うさぎという動物に共通する性格として、次のような特徴があるようです。

気が強い

自然界では強気でなければ生きていけません。うさぎの集団の中では、「優位」「劣位」というゆるい序列があります（39ページ）。「優位」なうさぎはよい条件で子孫を残せたりしますが、「劣位」のうさぎだって、すきあらば「優位」に立ちたいと狙っています。

自己主張がはっきりしている

うさぎは、自分の意思を伝えるのに遠慮をしません。「あれが食べたい!」「ごはん早く!」など、自分の気持ちを伝えて、それが飼い主にきちんと伝わって得があれば、特に強く主張することでしょう。得があろうがなかろうが、とりあえず主張はするのですが……。

食べなきゃ！

#キモチ　#食べる

腸を動かすために常に食べている必要がある

食いしん坊と思われたとは……それは心外ですね。別に食いしん坊だから、いつも食べてるわけじゃないのに。うさぎは、完全なるベジタリアン。野生では、敵を警戒しつつ、見つけた葉や芽などを好ききらい言わず食べています。これらの植物は栄養価が低いため、たくさん食べる必要があります。また、わたしたちの消化システムは、ほかの草食動物と比べても類がないほど特殊（156ページ）。常に食べて腸を動かしておかないと消化トラブルにつながってしまうのです。

飼い主さんへ　腸を動かすために、繊維質が豊富な牧草を常に食べ放題であげましょう。しかし、牧草はカロリーが低く、言ってしまえば味気ないもの。人間と暮らすことで、もっとおいしいものがあることを知ってしまうと、食べなくなる場合があります。

走るの大好き！

＃キモチ　＃運動

ケージの外に出て自由に走り回ろう

ひゃっほ〜い！　外を思い切り走るのは最高です！　このすばらしい足筋（155ページ）は何のためって、そりゃあ走るためですもんね。まあ、野生時代は、まわりは敵だらけで逃げなきゃいけないから走ってましたが、今や走ることは純粋な喜び。ああ、走ったらおなかが空きました。おなかが空けば、ごはんもうまい！　生きてるって感じます。ちなみに、うさぎはちんたら歩きません。そこからそこへの移動も、常にダッシュ。歩いてたら敵に狙われてしまいますから……。

飼い主さんへ　わたしたちの祖先はアナウサギで、巣穴を中心とした行動圏内で生活します（174ページ）。そのため、広い運動スペースは必要ありません。安全な室内やサークルで区切った遊び場で、毎日遊ばせてあげてください。

ひゃっほー!!

#キモチ　#垂直ジャンプ

うれしいとジャンプしちゃう

おー！　NBAプレーヤーも真っ青な見事なジャンプですね！　ケージの外に出してもらうと、うれしくて飛び上がりたくなりますね。ジャンプに合わせて頭を振ったり、体をひねる「宙ひねり」を加えたりすると、もっと楽しくなりますよ。

この垂直ジャンプ、飼いうさぎでは「うれしい」「楽しい」「興奮」の気持ちの表れですが、野生では、天敵のオコジョに巣穴を襲われたときに、興奮し、垂直にジャンプして穴から飛び出していたのだとか……。

飼い主さんへ　ケージから出してもらうと、うれしくてテンションが上がり、垂直ジャンプや宙ひねりをします。楽しすぎて興奮状態といったところなので、ケガをさせないように、ケージから出す前に足元など危なくないようにしておいてくださいね。

うぉーー!!

#キモチ　#ダッシュ

ダダダダダッ

ダッシュは楽しさの表れ

ほうほう、あなたは部屋をグルグル回る派ですか？　わたしはジグザグ走行派です。何の話かって？　走り方の話ですよ！　楽しそうに走る姿を見てみると、走り方にもいろいろあるのがわかります。野生では、ジグザグに走って敵の手から逃れていたようですが、わたしたちのジグザグ走行はごっこ遊び。「キツネが来たぁ！」という想定で遊んだりして、楽しいですよ♪　若いうさぎほど猛ダッシュしていますが、そんなとき、みなさんどことなく得意げな顔をしてますね。

飼い主さんへ　ダッシュするうさぎを、ケガがないように見守ってほしいのはもちろん、「楽しいね♪」「すごいね！」などとこの気分を共有してもらえると、うさぎはもっと気分が上がります。怖がって走っているときは、目は大きく開かれ、表情がまるで違います。

プウプウ鼻が鳴ってしまいます

＃キモチ　＃鼻が鳴る

出そうとして出る音じゃなく自然と出てしまうもの

「プゥ、プゥ……」。あらあら、何の音かと思ったら、あなたの鼻の音でしたか。恥ずかしがることはありません。わたしもしょっちゅう鳴ってます。これって、幸せの音なんです。飼い主さんになでられて気持ちがいいときとか、甘えたいときとか……そんなときに、鼻から力が抜けたような音が出ちゃうんですね。人間が鼻を鳴らすと小バカにされちゃうみたいですが、うさぎならノープロブレム。むしろ飼い主が、喜んでさらに優しくしてくれるでしょう。

飼い主さんへ　この音は近くでないと聞こえないくらいかすかな音です。体をすり寄せてきたとき、注意してみると聞こえるというくらいかもしれません。聞こえたら、たくさん構ってあげてください。笑ったりしたら、うさぎの気持ちが傷ついちゃいます。

Column

鳴かないうさぎの鳴き声とは?

うさぎは「声帯」が発達していないため、普通は声を発しません。野生では、鳴き声をあげれば敵に見つかってしまうため、声によるコミュニケーションをとらないのでは、と考えられています。鳴き声のように聞こえているのは、次のようなものです。

鼻が鳴る音ですが、強い音です。怒りや威嚇(いかく)、または発情による興奮状態から出ます。

巣穴にいる子うさぎが敵に襲われそうなときなどに「キーキー」と高い音を発します。強い恐怖や痛みを感じたときの悲鳴です(34ページ)。

ナキウサギは「鳴く」

見た目はハムスターのような「ナキウサギ」は、オスは「キィキィ」と鳴き、メスは「ピィピィ」と鳴きます。岩場に暮らすため、鳴き声でなわばりなどを知らせるのです。

寝相が悪いって？

#キモチ　#腹見せ寝

安心できる場所だと ちょっと大胆な姿に……

うさぎたるもの、常に敵に狙われているかもしれないという警戒心をもって生きている……はずなのですが、あらあら、あられもない寝姿ですね～。いいですよ、いいですよ、平和ってことですから。急所であるおなかをさらして横になれるのは、安心しきっている証拠。家の中に敵なんかいるはずないんですから、それでよいのです。本当のうさぎの寝姿なんて、あなたは知らなくていい！　知ってしまったら、衝撃をうけるかもしれませんから……（52ページ）。

飼い主さんへ　おなかは床につけているけれど、足は伸ばしっぱなしとか、頭を床にベタッとつけている寝姿も、すぐに逃げ出せない姿勢なので、安心しているということ。ただし、暑い日にもこんな寝姿になるので、室温もチェックしましょう。

見つけないで！

＃キモチ　＃隠れる

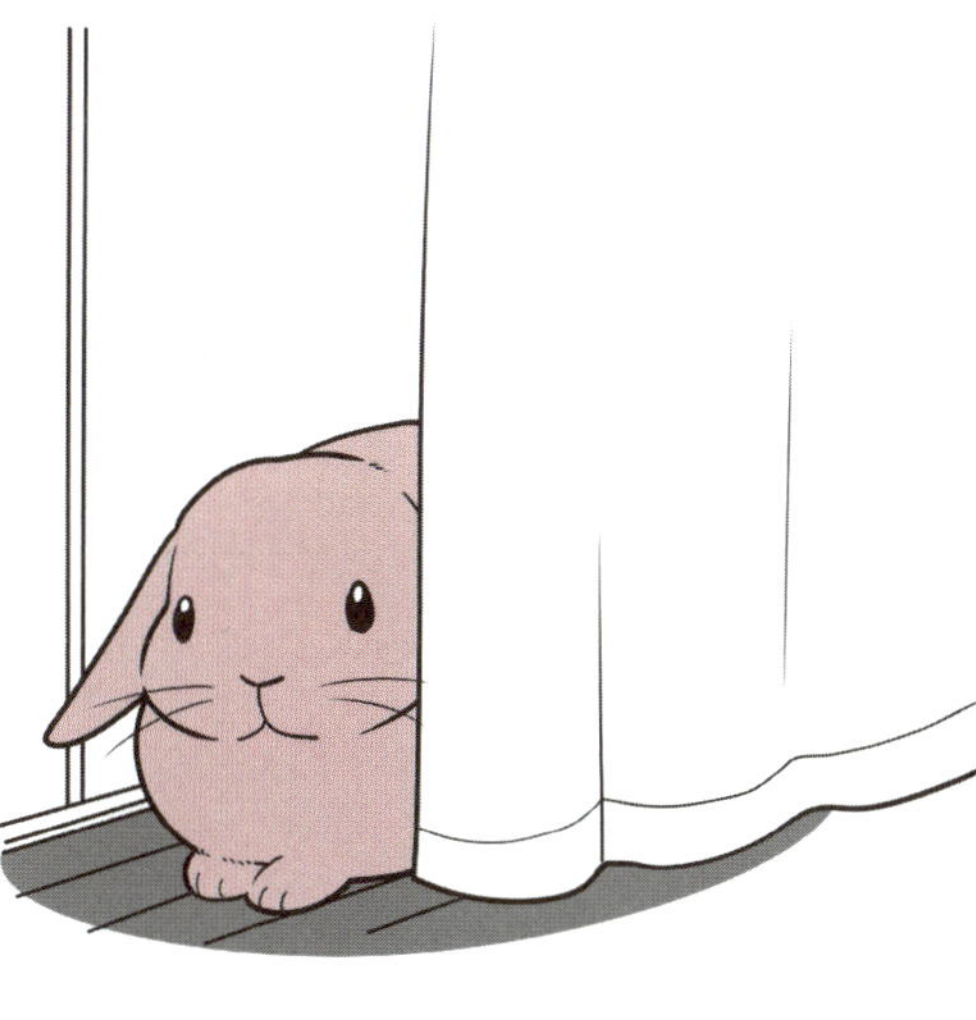

「ここにはうさぎなんかいませんよー」と言いたい？

おや、かくれんぼですか？　……失礼、飼い主に見つからないように小声でね……。でも、たぶんですけど……ちょっとお鼻が見えてますよ。はあ、敵（飼い主）の動きをうかがうために、目と耳を利かせているんですね。キャリーに入れられて、よからぬ場所に連れていかれそう？　さすが察しがよくていらっしゃる。
わたしもケージから出て、なんとなくひとりになりたいときはカーテンの裏へ。だれにも邪魔されず、ホッと一息。ひとりの時間を楽しめるおとななので。

飼い主さんへ　カーテンの陰で必死に気配を消しているときには、そっとしておいてあげましょう。しつこくするときらわれます。ただし、病院に行くなど用があるときには、仕方がないので引きずり出すしかありませんよね……。

これ、な〜に？

#キモチ　#好奇心

安全だから好奇心が発揮できる

ちょっと！　そんなうかつに近づかないで！　昨日までなかった見慣れぬものが、罠じゃないとは限りませんよ。野生では、「いつもと違う！」と敏感に勘づくことが、わたしたちの命を守ってきたではありませんか。見慣れぬものにいちいち興味をもっていては、命がいくつあっても足りません。……なんて、さんざん脅しましたが、人と暮らす家にそうそう危険があるわけないじゃないですか。でも、油断なさらぬように！　好奇心旺盛なのは頭がよい証しですけどね。

飼い主さんへ　見慣れぬものや人に対して、興味津々で近づいていく子や、恐る恐る近づいていく子など、いろいろです。怖がりの子は、びっくりさせないように見守りましょう。怖くないことがわかれば、安心して警戒心をとくはずです。

新しい場所が気になる

#キモチ　#へっぴり腰

なわばりにできるか調べてみよう

飼い主さんを追いかけていたら、見知らぬ場所に……。きっとそこは、家の中のまだ入ったことがない部屋でしょうね。そうであれば、少し警戒しながらも探検してみて、自分のなわばりに加えることができるか検討してみては？　何かあればすぐに巣穴（ケージ）に戻れるよう、へっぴり腰でいるといいですね。

飼い主に連れられてうさ友さんの家へ来たという場合は、そこはそのうさぎのなわばりなので、侵入者のあなたは絶対服従でおとなしくしているのが身のためです。

飼い主さんへ　野生のうさぎも、巣穴まわりだけでなく、少し範囲を広げて行動することがあります。特に若いオスは、生まれた巣穴を追い出され、新しい自分の家を探し求めます。新しい部屋をなわばりとして認識すると、オシッコなどでにおいつけをすることも。

情報収集中！

#キモチ　#うたっち

自分の耳と鼻で情報確認をしよう

ん？　何か音がしましたか？　……なんでもなければ、よかったです。目の前で急に立ち上がられると、ちょっとドキッとしてしまいます。でも、この立ち上がるポーズを、人間は「うたっち」とよび、うさぎ萌えポーズ10選に入る人気のしぐさなのだとか。のんきなものです。こっちは、気になる音の出どころや、においをキャッチすべく、必死だっていうのに……。野生では植物でさえぎられないように姿勢を高くして、周囲を警戒していたそうですよ。

飼い主さんへ　よく立ち上がるうさぎさんは、好奇心旺盛なタイプか、警戒心が強いタイプかも。何もないのに急に立つのは、人間には聞こえない音をキャッチしているのです。飼い主さんに向かって立つのは、「遊んで」「構って」などのアピールです。

これがきらいです

＃キモチ　＃苦手

きらいなもの、苦手なものうさぎはいっぱいあります

慣れない環境や移動、イヤですよね〜。騒音、乱暴に扱われること、犬や猫などの捕食動物の存在、仲が悪いうさぎの存在もストレス。できればそんな苦手なものとはかかわりたくありません。なかには仕方がない場合もあるんですかね……。でも、できればうさぎは我慢したくありませんし、我慢する必要もありません！　日本の暑さ、寒さ、梅雨のジメジメ、これはエアコンの力で何とかしてほしいです。抱っこや病院などはうまく慣らしてくれるといいんですけど。

飼い主さんへ　あまりショックを受けないでほしいのですが、心配ばかりしている神経質な飼い主さんが苦手なうさぎも多いようです。過度なスキンシップもタイプによってはストレス。うさぎは大らかで、こちらが構ってほしいときに構ってくれる飼い主が好きです。

気に入らないわっ！

#キモチ　#足ダンン（スタンピング）

何か不快だと「足ダン」をしてしまう

ど、ど、どうしました!!　……ああ、ごはんが遅くてイラついていらっしゃるんですか。敵が来たかと思って焦っちゃいましたよ……。後ろ足をダンダン鳴らすその行動、「スタンピング」（通称『足ダン』）といって、聞き慣れない音やにおいがしたときに「何か変！」「警戒しなきゃ！」ってことでやっているのですよ。野生では、そうして地中の仲間に注意を促す効果がありました。人は「足ダン＝怒ってる」と思うらしく、勝手に忖度して早くごはんを出してくれたりします。

飼い主さんへ

「足ダン」イコール「何か不快なことが……」と、ついついうさぎの顔色をうかがってしまう飼い主さんが多いようです。けれどうさぎ自身は、何かを訴えたいわけではないので、無視してもらって大丈夫。気を使いすぎると、足ダンを助長してしまいますよ。

Column

うさぎって怒りっぽい？

「足ダンをしょっちゅうするから」「ケージに手を入れると噛んでくるから」という理由で、「うちのうさぎは怒りっぽい」と思っている飼い主が多いようです。そう思わせておいたほうが、わたしたちにとって都合がよい場合もあるかもしれませんが、「怒りっぽい」というのは大きな誤解です。

「足ダン」も「手を噛む」ことも、根本にあるのは「怖い」という気持ちです。わたしたちうさぎは、常に敵に狙われて怖い思いをする弱い立場にありました。ただし、犬や猫のように「怖い」という気持ちを表すしぐさをもちません。だから、「怖がっている」と想像してもらえず、「怒っている」と勝手に判断されてしまうのかもしれません。

飼い主のみなさん。「怒ってる」と思っていると、うさぎを怖いと思ってしまいそうですが、「怖がってるんだ」とわかればどうでしょう？　この違いに気づいてくれれば、接し方も変わりますかね。

小さくなりたい

#キモチ　#伏せる

警戒中は、耳を伏せて小さくなる

どうしたんですか、そんなに小さくなって……。ああ、あの黒いひとつ目は「一眼レフ」っていう高いカメラらしいですよ。何もしないから大丈夫です。

野生で危険を感じてしげみに隠れるとき、長い耳は目立ってしまいます。そこで、ペタンと後ろに伏せて頭と一体化させ、なるべく体を小さくする必要がありました。その名残りで、わたしたち飼いうさぎも危険を察知すると、耳をペタンと伏せて縮こまります。リラックスしたときも、脱力して耳が伏せられます。

飼い主さんへ　耳だけ見ると、危険を感じたときもリラックスしたときも、同じように伏せているのですが、体に力が入っているかどうか総合的に見れば見分けは簡単。なでられて気持ちがよいときは、耳が伏せられ、体も溶けたようにペタンコになっているはず。

おどかさないで！

#キモチ　#白目

驚いて目を見開きすぎると白目が出ちゃう

「ハックション！」。急に大きな音を出す飼い主。びっくりしますよね〜。これは、おどかそうとしたわけではなく、くしゃみという生理現象。ですが、そんなことわたしたちは知らないので、びっくりして目を見開き、白目が出てしまいます（69ページ）。なんでもないことがわかれば、すぐ元のパッチリ黒目に戻るので安心してください。

夢中で遊んだり、興奮したりしたときにも、白目が見えてしまいます。

飼い主さんへ カメラのフラッシュなど、「そんなちょっとしたことで？」というようなことで、うさぎはびっくりしてしまいます。特に、経験が浅い子うさぎのうちは、あらゆることにビビってしまうかも。あまり気にせず、生活音などには少しずつ慣らして。

恐怖マックス!!

#キモチ　#キーキー鳴く

「怖い!」「痛い!」とき「キー」と鳴く

アナウサギはあまり鳴かない（23ページ）はずですが、敵に襲われそうな恐怖を感じたときに「キーキー」という甲高い音を発します。この音を聞いたほかのうさぎたちは、急いで巣穴に逃げます。

飼いうさぎであるわたしたちがこの音を発するとしたら、敵に襲われる恐怖に匹敵する何かがあった……ということになります。亡くなる前に「キー」と鳴くという話も聞きますが、病院やショップでの爪切り、屋外での〝うさんぽ〟中に鳴く子もいるようです。

飼い主さんへ

「キーキー」という鳴き声は、聞いているだけでうさぎの怯えが伝わってくる苦しい音です。耳にしたらショックを受けるかもしれませんが、それ以上怖がらせないように、まずは飼い主さんが落ち着いて。音を耳にした状況から、何が原因かをつきとめましょう。

%$#@&×!!!

#キモチ　#パニックになる

「怖い！」→「逃げなきゃ！」でパニックを起こす

やや！　パニックになるほど怖いなんて、どんなことがあったのですか!?

わたしたちうさぎは、「ヤバい！」と感じたら、すぐ「逃げなきゃ！」と思ってしまいます。それが、ケージの中だと狭くて逃げられなかったり、ケージの外でもどこに逃げてよいのかわからなかったりして、パニックがパニックをよんでしまうのです。さらに、「どうした!?」と驚く飼い主の声にびっくりして、よりパニック状態になることもあります。

飼い主さんへ　群れのリーダーである飼い主さんが慌てると、「やっぱり、ヤバいんだ！」とさらなるパニックに陥ります。「大丈夫だよぉ」と落ち着いた態度でいてくださいね。ケージの外でパニックになったら、壁に衝突しないようにクッションなどでカバーを。

なんだかソワソワします

＃キモチ　＃発情

それは恋の予感です

メスを求める気持ちが高まって、ケージにいても落ち着かないのですね。メスと同居中なら、すぐにでもプロポーズしたい気分でしょう。オスのあなたは、一年じゅう発情可能ですが、メスは4～17日間の許容期（プロポーズを受け入れる準備がある時期）と1～2日間の休止期（オスに興味がない時期）をくり返します。うまく受け入れてもらえるかは、メスしだい。

メスがまわりにいなければ、飼い主かぬいぐるみで気を紛（まぎ）らわすしかないですね。

飼い主さんへ　性欲には個体差があり、異性を求める気持ちが強くない子もいれば、ものすごく異性を求める子もいます。発情中に交尾ができないことはつらいものですが、年齢を経れば落ち着きます。避妊去勢手術をすれば、性欲はある程度抑えられますが（137ページ）。

あの子をロックオン！

#キモチ　#カクカク

その姿勢になると自然と腰を振ってしまう

カクカク（マウンティング）させてくれる相手が見つかりましたか？　それはよかったですね。飼い主の手でもぬいぐるみでも、させてくれるものがあれば、マウンティングのポーズをとって腰を振ってしまうのがうさぎの性（さが）。オスだけではありません。メスだってします。そこに愛情があるかどうかは、うさぎによります。注意したいのは、赤ちゃんが生まれたら困るケース。しかし、わたしたちうさぎとしては、赤ちゃんはウェルカムなので、飼い主が注意してくれる……はず。

飼い主さんへ　出産を望まないのであれば、避妊去勢手術をしていないオスとメスを絶対に一緒にしないでください。子うさぎでも注意が必要です。ケージを分けていても、ケージ越しに妊娠した（!?）という話もあるくらい、うさぎの繁殖力はすごいのです。

同性相手にムラムラ!?

#キモチ　#マウンティング

優位性を示す行為で変ではありません

繁殖のためのマウンティングであれば、異性を求めるはずですが、同性にマウンティングしたくなることがあります。なかには同性愛もあるかもしれませんが、多くの場合は、優位性の主張によるもの。

相手がイヤがって暴れればマウンティングはできません。ぬいぐるみ相手なら暴れることはありませんが、うさぎ相手の場合、イヤなら拒否もできるはず。それをおとなしく受け入れるということは、あなたの優位性を相手が認めている証しです。

飼い主さんへ

飼い主さんを相手にするのも、愛情ゆえの場合と、「受け入れるということはオレのほうが上だな」と見下している場合とがあります（136ページ）。もし、マウンティングをされるのがイヤなら、されそうになったとき、目の前からいなくなるなどしましょう。

Column

うさぎは一夫多妻制

自然界ではうさぎは弱い立場にあり、子うさぎが生まれてもおとなになるまで生きている数は極めて少なく、それだけ子孫を多く残したい気持ちが強いのです。

うさぎの交尾は数秒ととても素早く、メスは交尾の刺激で排卵するため、ほぼ妊娠します。オスは、できるだけ多く、メスと交尾をしようとします。

アナウサギは、巣穴の中で普通は5〜12匹くらいのオスとメスで生活しています。優位なオスはメスと交尾をすることができますが、劣位のオスは交尾ができません。メスどうしはわりとお互い寛容ですが、優位なメスはより安全な巣穴で子育てができるなど、メスの間でも順位づけが行われます。

ひとやすみ

反抗期

最近、飼い主がムカツクから反抗してるんだ！
えーどんな？
おトイレじゃないトコロにウンチいっぱいして
食費がかさむよう残さずごはん食べてるの！
ごちそうさまっ！
次は飼い主が忙しいときに目の前でくつろいでやる！
健康的な反抗でいいねぇ
いつもと変わらないんじゃ……

好物

あたしはイチゴが大好物！
あたしはバナナよ
もぐ
もぐ
でもむし歯になるからってたまにしかくれないの〜
うちは太るからって失礼ね！
え〜〜ん
わたしは牧草が好きだわ
ジャイコちゃん
たくさん食べても太らないしね！
そ……そうね
ど――ん

2章 うさぎのしぐさ

何げなくするしぐさにも、実は理由があるのです。
自分のしぐさから、知られざる自分のキモチが
見えてくる……かも?

かじるの大好き

#しぐさ　#かじる

食べられないとわかっていてもかじらずにいられない

あらあらそんなものかじって、おいしくないですよ。……失礼、食べ物じゃないのはわかってますよね。人間の赤ちゃんはかじっていろいろなものを確認するそうですが、うさぎはかじるものが何かは大体わかっています。柱は歯のお手入れのために。コード類は、足元にあって気になるし、噛み心地も好き。ただし、電気コードはかじると危険。

飼い主が本気で「ダメ！」と怖い顔をしたら、素直にやめたほうがよさそうです。

飼い主さんへ　野生では、たくさん生えている植物の中からなるべく栄養価の高いものを選んで食べ、有毒植物やおいしくないものは避けているそう。しかし、飼いうさぎは危険なものがあるなんてわかっていません。かじったら危ないものは近くに置かないで！

ケージをかじれば外に出られる？

#しぐさ　#ケージをかじる

要求を伝える手段だとしても歯にはよくない

ケージをかじる→飼い主が「やめなさい」と言って近づいてくる——。ずばり、それがあなたの狙いですね？　硬くておいしくもないものをかじったかいがありました。その後、「外に出たいの？」「おやつかしら？」などと、飼い主がわたしたちの気持ちを勝手に思いやってくれた結果、ケージの外に出られたりおやつをもらえたり、わたしたちうさぎにとってよいことが起こることも。一度、そうしてよい目を見たら、次も同じことをしようと思うのは仕方がありません。

飼い主さんへ　一度学習したことは、その後もしつこくくり返します。ケージをかじり続けると、歯並びが悪くなり不正咬合の原因になってしまうので、ケージをかじっている間は無視し、かわりにかじってもいい角材などを入れてあげましょう。

掘らずにはいられない

#しぐさ　#ホリホリ

掘れない場所でもかまわない

頑張れば掘れる気がする……ってチャレンジ精神で掘ってるわけないじゃないですか。ケージや床が掘れないなんて、ハナからわかってますって。わたしたちは掘るしぐさだけで、満足なんです。家の中で穴が開く場所なんか、なかなかない……と思ったら、あるじゃないですか！　ソファ？　クッション？　いいですね〜。アナウサギは、オスもメスもみんな穴掘り名人。1、2匹で掘るよりもみんなで掘ったほうが、より複雑で大きい巣穴になりますもんね。

飼い主さんへ　なかには、ソファやラグなど穴を開けられたら困るものもおありかと思いますので、それらは避けて、何かホリホリできるものを与えてください。牧草を厚めに敷いたり、市販のワラ座布団などを、心ゆくまでホリホリさせてもらえるとうれしいです。

Column

うさぎは学習する

わたしたちうさぎは、なかなか知的な動物なので、「学習」する能力をもちます。一度経験したことから、「これをすると、この後こうなる」と予測して行動することができるのです。

例えば、名前を呼ばれたときに寄っていったらおやつをもらえた経験から、「名前を呼ばれて寄っていくとよいことがある」と学習したり、キャリーに入れられて病院へ連れていかれて怖い目にあった経験から、「キャリーに入ると怖い目にあう」と学習したりする、といった具合です。

うさぎが異種である人間と暮らしていくためには、そうしてある程度かしこく立ち回る必要があるのですが、なかにはケージかじりなど、人間がやめさせたい行動もあります。しかし、わたしたちは一度「こうすればうまくいく」と味をしめると、その行動をやめようとはおそらくしません。

ここに登って、サークルから顔を出していると、おやつをもらえるんだよね!

牧草を食べないでいれば、もっとおいしいものが出てくるの知ってるし。

興奮が隠しきれない

#しぐさ　#しっぽ振り　#おしり振り

うさぎのしっぽ振りにはタテ振り、ヨコ振りがある

「あいつ、犬みたいにしっぽを振りやがって」。そういうあなたのしっぽも横に振られてますよ！　おやつをもらったとき、自由に走り回っているとき……。人間の言葉だと「うれしい！」「楽しい！」「ルンルン♪」といったときに、しっぽをプルプルッと2、3回振ってしまうようです。別に気持ちを伝えたいわけではなく、筋肉が勝手に動いてしまうのです。このときのしっぽ振りは横。また、交尾のカクカクのときにも、しっぽが動いてしまいますが、このときはタテ振りです。

飼い主さんへ　うさぎは犬のように、喜怒哀楽をしっぽで表すことはありませんが、よーく見ていると「こんなときに、しっぽを振っているなあ」と気づくことがあるはず。好物に大興奮して、おしりをピクピク振りながら食べることもあります。

きれい好きなんだし

#しぐさ　#毛づくろい

体についたにおいは徹底消臭!

そんなにペロペロして、きれい好きなんですね。飼い主さんの手のにおいが気になると? あ、ほら、飼い主さんがちょっと傷ついた顔して見てますよ。でも、仕方がないですよね。人間にはわからないでしょうが、うさぎは体ににおいがつくと、なめてにおいを消さないと安心できないのです。野生では、においで敵を呼び寄せてしまうおそれがあったのでね。「そんなに必死にわたしのにおいをとろうとして……」とかじゃないので、飼い主さんは気にしないでほしいんですけど。

飼い主さんへ　うさぎはしょっちゅう毛づくろいをしてにおいをリセットしています。そのとき抜け毛をのみ込んでしまうこともあるので、換毛期は特にブラッシングをお願いします。また、親愛の証しとして仲よしのうさぎの毛づくろいをしてあげることもあるんですよ。

「ティモテ」って何ですか？

#しぐさ　#耳洗い

耳を手入れする姿があるCMを連想させるよう

「ティモテ」とは、あるシャンプーの銘柄で、一定の年齢以上の人ならそのCMで金髪の美女がシャンプーする姿を思い浮かべるはず……と、うちの飼い主さんが言ってました。そのシャンプー姿と垂れ耳うさぎが耳を手入れするしぐさが似ているということで、そのしぐさを「ティモテ」とよぶとか。わたしたちにとって、耳は大切な器官なので、それはそれは丁寧に前足で挟んでケアするのですが、その姿が「かわいい♥」のだそう。立ち耳さんでも、やる子もいます。

飼い主さんへ　自分でもお手入れをしますが、垂れ耳うさぎの耳は、定期的にめくってイヤなにおいがしないか、よごれていないかチェックしてください。異変があればすぐに病院へ。また、耳は大切な器官なので、リボンなどでしばったりしないでくださいね。

今、OFFです

＃しぐさ　＃足を投げ出す

油断できるって、なんて幸せ♪

ケージは、わたしたちにとってのプライベート空間。だれにも邪魔されずにだらけられるって、なんと幸せなことでしょう。本来うさぎは、すぐに逃げ出せる箱座りの姿勢（52ページ）で休みますが、ケージは巣穴と一緒ですから、そこのあなたも気を抜いて大丈夫ですよ。人にオンとオフがあるように、ケージの中にいるわたしたちは、完全なるオフモード。わたしの飼い主さんはそのあたりわきまえた人ですから、ケージにいるときむやみに構ってきません。

飼い主さんへ　どうか自分の身に置きかえてみてください。オフモードのときはそっとしておいてほしいですよね？　オフモードのときにスキンシップをとろうとしても、うまくいかないのは当たり前。掃除も勘弁してくれって、思いますよね？

なんか落ち着くわ〜

#しぐさ　#寄りかかる

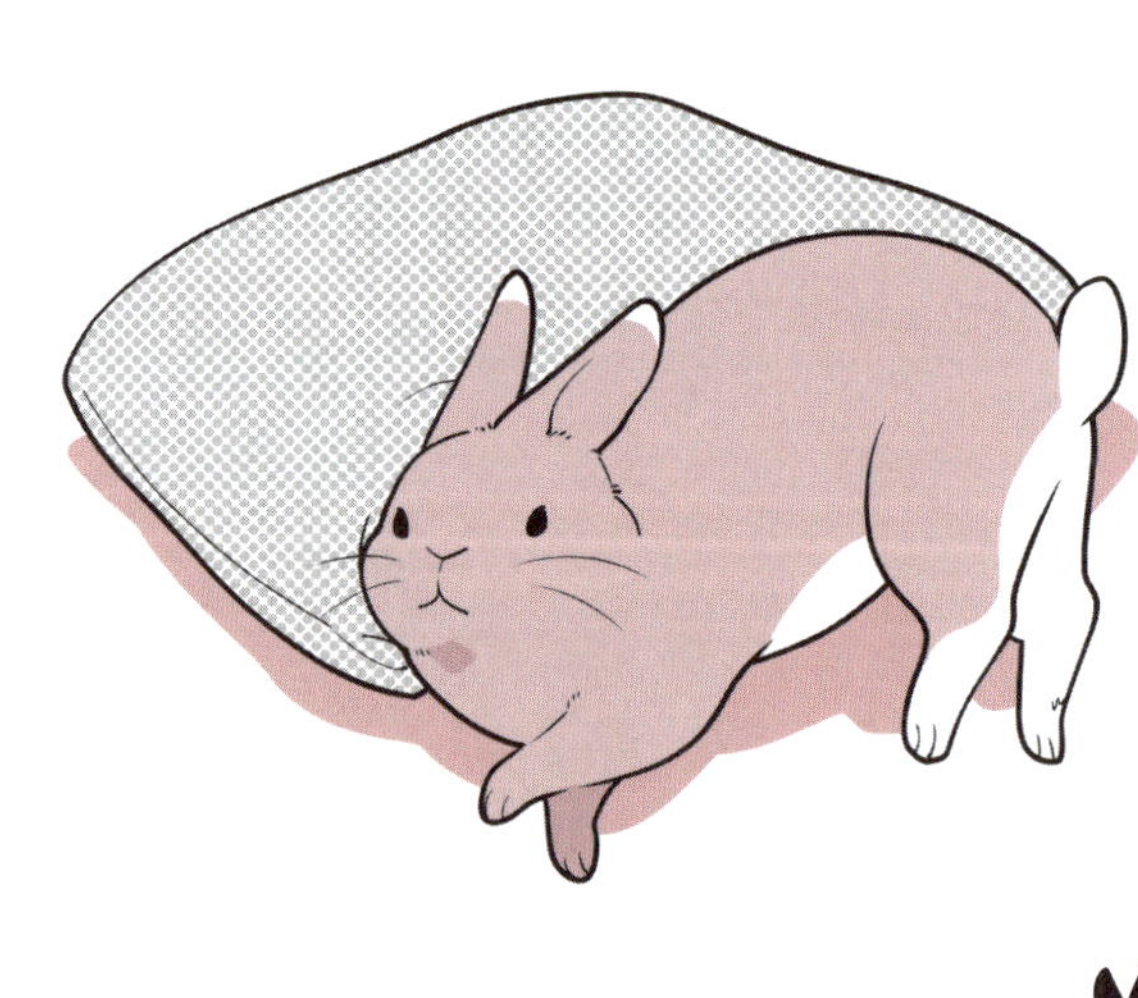

寄りかかると安心&体も楽

わかりますとも！　椅子の脚、壁、飼い主の足、ぬいぐるみ……寄りかかると安心しますよね〜。これは、わたしたちの祖先が狭い巣穴で暮らしていたことに関係があるよう。広いところにポツンといるより、狭いところが好きなわたしたちですから、何かに体が接していると落ち着くのです。それに、体も楽ですよね。

寄りかかるとき注意したいのが、「人間の足」。ものやぬいぐるみは自分たちに危害を加えませんが、人間の場合は、安心して寄りかかれる相手を選びましょう。

飼い主さんへ　基本的にうさぎは、常にまわりを警戒している動物なので、寄りかかるという行動は珍しいことなのです。飼い主さんに寄りかかる子は、飼い主さんのことを家族だと思って安心しているのでしょう。だからといってしつこくすると、寄ってこなくなりますよ。

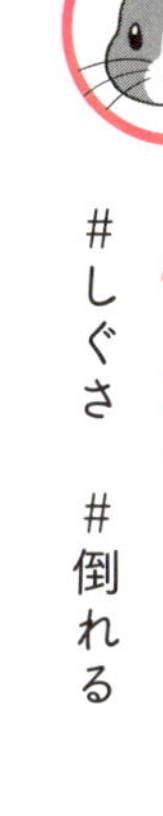

人間は勢いよく横になれない……らしい

走り回って満足したからちょっと横になっただけなのに、人間に驚かれてしまうことが。どうやら人間からすると、「走り回って急に倒れた」と見えるよう。人間は、「よっこいしょ」とゆっくり横になるのです。人間の体はうさぎとはつくりが違うから、急にバタン！　と倒れると、きっとケガをしてしまうのでしょう。うさぎは急に倒れても、頭を打ったりケガをしたりする心配はありません。というか、体のつくり上、ゆっくり倒れるのが難しいともいえます。

飼い主さんへ　走り回っていたかと思ったら、急にバタン！　と倒れると、「どうした!?」とびっくりするかもしれません。けれど、うさぎはそんなふうにしか横になれないので、いちいちびっくりしないでください。一応、ケガしない場所で倒れるようにしてますから。

リラックス半分、警戒半分

#しぐさ　#箱座り

これがうさぎ本来の「寝姿」です

↑見てください！　絶対に寝ているようには見えませんよね？　これがうさぎ本来の寝姿。前足を体の下にたたみ、頭の位置は高いまま、目をつぶらずに眠る。これなら、異変に気づきやすいし、危ないときはすぐ逃げ出すことができます。さらに、警戒度合いが強いと、足の裏を床につけたまま眠ります。おなかを見せて寝る（24ページ）うさぎたちから、「家の中なのに、そんなに警戒して〜」などとバカにされても、「っていうか、これが普通」と言い返してください。

飼い主さんへ　寝姿を崩さないうさぎを見て、「うちの子、リラックスできてないのかしら？」と心配してしまう飼い主さんもいます。しかし、飼い主さんの目の前で寝ているというのは十分気を許している証拠です。また、寒いときにも、足をたたんで丸くなって眠ります。

Column

あなたのリラックス度判定

「寝姿」や「表情」から、うさぎのリラックス度がわかります!

警戒・不安

耳を伏せて、ジッと動かない。危険がないか情報を得るために、目は力いっぱい見開く。

においから情報を得るために、高速で鼻をヒクヒクさせる。リラックスしているとき、鼻の動きはゆっくりで、寝ているときには止まる。

寝ているということは、半分はリラックス。ただし、足裏も床についている姿で寝ているのは半分警戒心がある。

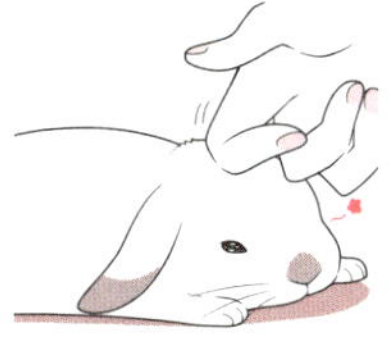

警戒しているときには力が入って大きく開かれる目が、リラックスモードだと力が抜けて細められる。

急所のおなかを見せて、目をつぶって熟睡するのは警戒度0%。

歯が鳴ってしまうのはなぜ？

#しぐさ　#歯ぎしり

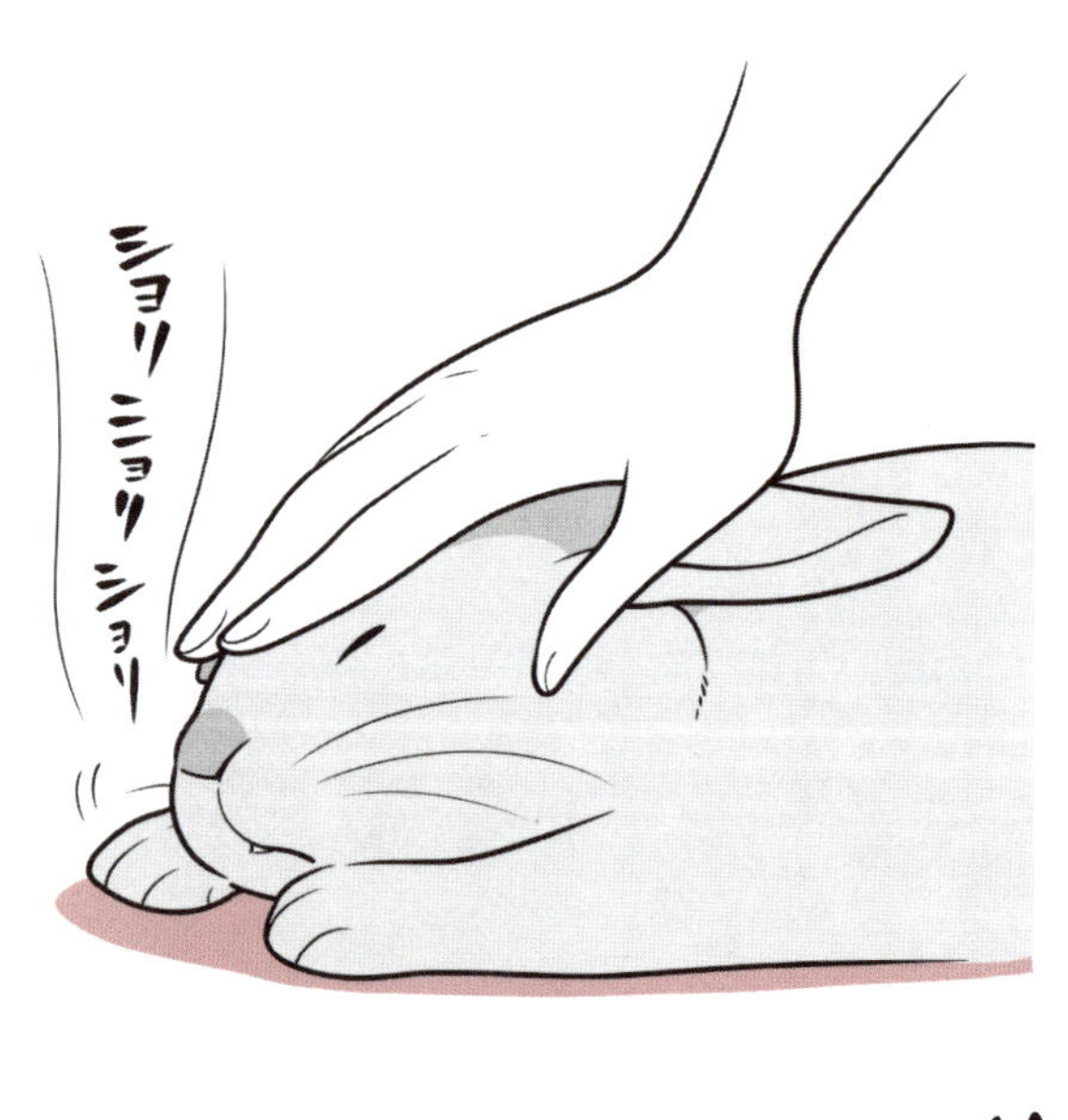

快、不快、ふたつの意味がある

いいですね〜。「コリコリ」「ショリショリ」の歯ぎしりは、うさぎにとって幸せな音です。なでられて気持ちがいいとか、ウトウトしているとき、体の力も抜け、知らずに歯を軽くこすり合わせてしまうのです。

対して「ギリギリ」「カチカチ」と強い歯ぎしりは、具合が悪いとか、ストレスがあるサイン（138ページ）。グルーミングをしているときや病院など、「もうやめて！」という意味で歯ぎしりすることも。我慢して、歯にも体にも力が入っている状態です。

飼い主さんへ　人間だと歯ぎしりは、悔しいときとかあまりよいイメージがないので、「気持ちがいい」というのは意外かもしれませんね。ただし、苦痛を我慢するなどよくないケースも。食欲はあるか、力が入っていないかなど、全体を見て判断してくださいね！

やる気スイッチ、ON！

#しぐさ　#あくび

「あくび＋伸び」で、活動モードに

わお、大きなお口！　中身が丸見えですよ！　あくびは、ふだんかわいいうさぎが面白フェイスになるので、飼い主は喜んでシャッターを切ります。うさぎも人間と同じで、眠いときや寝起きにあくびをします。「さあ、やるぞ〜！」とあくびで脳に酸素を送り込み、活動モードに切り替えるのです。そのとき、セットで「伸び」をすることも。足をつっぱって体を思い切り伸ばすこのしぐさは、人間でいう「ストレッチ」。全身に血を行き渡らせて動き出す準備をします。

飼い主さんへ

あくびのメカニズムは、人間でもわかっていません。人間は、眠くないのに「生あくび」をすることがありますが、これはストレスや病気のサインだといわれています。うさぎも、眠気に関係なくあくびをするので、あくびを連発するようなら、すぐに病院へ。

アイロンがけが得意です

#しぐさ　#アイロンがけ

布を土に見立てて遊べるなんてかしこい証拠！

よれた布を見ると、きれいにせずにはいられない。……わたしもです！　飼い主からは、「アイロンがけが上手～」とほめられます。アナウサギは、巣穴の子うさぎが敵に見つからないよう、離れるとき巣穴の入り口の土をならしてふさぎます。雨が降りそうなときも、入り口をふさぐようです。その名残りで、布やラグを土に見立てて、前足でスイスイ押してならすしぐさをするよう。ただし、せっかくきれいにしても、また自分でホリホリしてぐちゃぐちゃにしますけどね。

飼い主さんへ　布を土に見立てて、ホリホリしてぐちゃぐちゃにして、スイスイアイロンがけしてと、布一枚で延々と遊べるなんて、すばらしいと思いません？　かじってのみ込んでしまうことがあるので、布やラグは毛足が短いもの、繊維がほどけにくいものを選びましょう。

ぼくのもの！

#しぐさ　#においつけ（スリスリ）

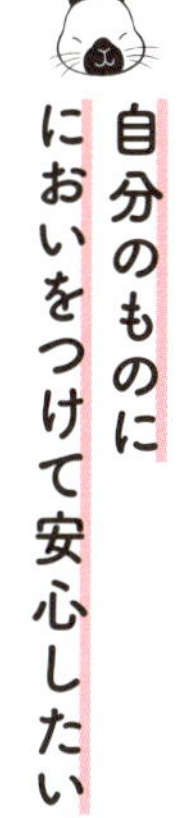

自分のものににおいをつけて安心したい

ストップ！　ケンカの原因は何ですか？　あなたのものなのに、あのうさぎが横取りしたと？　クンクン、どうやらあなたのにおいがしていませんよ。自分のものなら、しっかりあごをスリスリこすりつけてにおいづけをしなくては。野生時代も、なわばり内のものやほかのうさぎにしっかり自分のにおいをつけて「ここ（これ、この子）はぼくの！」と宣言していたようです。あなたも飼い主をとられたくなければ、しっかり自分のにおいをつけておきましょうね。

飼い主さんへ　しつこくにおいづけするタイプには、あごの毛がこすれて血が出るまでやる子もいます。本能なのでやめさせることは難しいですが、とがったものなどはまわりに置かないなど配慮をしましょう。いつもあごの下の臭腺（しゅうせん）が濡れている子は、常に発情しています。

においを上書きしなきゃ！

#しぐさ　#飛びシッコ（スプレー）

オシッコ飛ばしでにおいづけ

なになに、スリスリ（57ページ）では主張が弱い気がすると？　それなら、オシッコをかけて自分のなわばりを主張する手がおススメ。やり方はいろいろあります。よりいろいろなところににおいを残すのであれば、少量ずつかけて回ってもOKですし、それがめんどうなら、360度回転するようにしてかけても。飼い主さんに気づかれないようひそやかに、じょわ〜とする手もありますよ。オスで多頭飼いのあなたは、特にスプレー合戦に苦労するかも。負けないで！

飼い主さんへ　スプレーはやる子とやらない子に分かれますが、本能なのでやめさせることは難しいです。なわばり主張以外に、好きな相手にかけたり、イヤなことをされたときにオシッコで撃退したりすることも。香水など、きついにおいに向かってかけることもあります。

Column

所有欲が強い？

しょっちゅうあごをスリスリしたり、飛びシッコでにおいづけをしたりするタイプは、なわばり意識が強いタイプといえますが、そもそもわたしたちはなわばり意識が強い生き物。

祖先のアナウサギは、巣穴を中心になわばりを守って暮らしてきました。なわばりを守ることは、集団の中のオス、特にボスうさぎの仕事でした。ボスは、自分のにおいをなわばりのあちこちや、自分の集団の中のうさぎにつけて、よそのうさぎに自分のものであることを知らせなければなりません。

人間と暮らしていると、人間は外からいろいろなにおいをつけて帰ってきます。そのため、なわばりを守らなければいけないうさぎとしては、せっせと自分のにおいをつけなければいけなくなるのです。

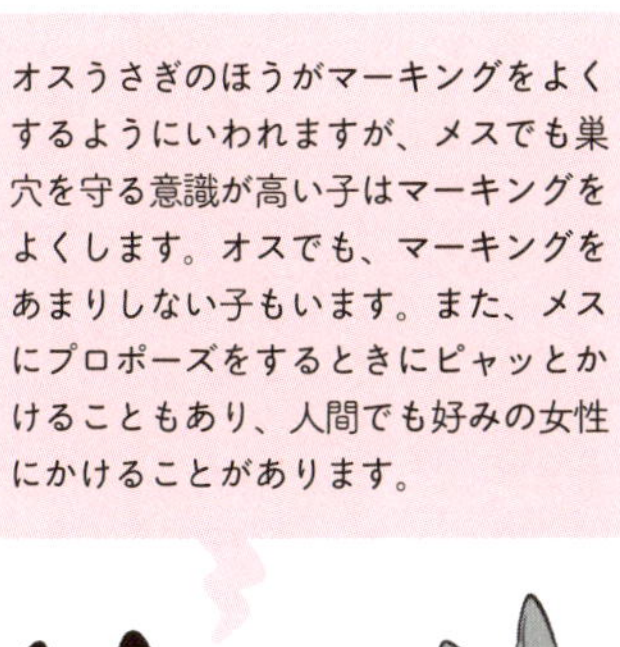

投げちゃうぞ

＃しぐさ　＃投げる

投げてみたら、なんか楽しかった

スゴイ！　砲丸投げの選手ばりの投げっぷりですね！　わたしたちの習性には、ものを投げる行動はないのだそうです。子どもをくわえて運ぶことはありますが、さすがに投げたりはしませんよね？　習性としてはなくても、小さいぬいぐるみとかおもちゃをくわえてぶん投げてみたらなんとなく楽しくて……ということで、遊びとしてやるうさぎさんはたまにいます。

なかには、お皿やトイレなどを投げる子も。大きな音が出て飼い主がびっくりしますが、それが狙いかと。

飼い主さんへ　お皿やトイレなどを投げたり、ひっくり返したりするのは、「これ、邪魔」とか「おなか空いた」とか何かを訴えている可能性があります。ものを投げると音がするので、つい飼い主さんも注目しますよね？　そのときに、うさぎは目で何か訴えてきているかも。

うっぷんを晴らしたい

我慢した後に繰り出す「まったくもう！」

飼い主に、何かイヤなことをされましたか？　ブラッシング？　爪切り？　我慢したんですね〜。イヤだとわかっていても、飼い主はそれをします。「あなたのためよ！」と言われても、イヤなものはイヤ。そのうっぷんを晴らすには、後ろ足を思い切り蹴り上げて「ダンッ！」と大きな音をさせて、すみっこに逃げていくのがいちばん。イヤなことはイヤだとわからせないと、「うちの子はいい子だから何でもさせてくれる」などと誤解されちゃいますよ。

飼い主さんへ　足ダン（30ページ）もそうですが、これはうさぎの「イヤだったよ！」という気持ちの表現で、だからといって気にする必要はありません。飼い主さんとしては、ブラッシングも爪切りも必要だからしているのですから。え？　わたし、二枚舌すぎます？

何か、気配が！

#しぐさ　#耳ピン

「耳ピン！」は、警戒中のしるし

ン？　今、何か音がしましたね。耳がよすぎるのも考えもので、うさぎの耳は、お隣さんの物音どころか、超音波までキャッチします。野生で、狙われる立場にあったときには、この耳がレーダーとなって危険をいち早く察知するのに役立ったものです。しかし、人間と暮らすようになり危険がなくなっても、相変わらず物音は気になりますね。耳をピンと立て、音のするほうへ向けて異変がないかどうか常に聞き耳を立ててしまいます。たいていは、何でもないんですけどね。

飼い主さんへ　ジッと一点を見て固まっているのは、音を集中して聞いているときが多いです。垂れ耳うさぎが、目を隠すように耳を前に出しているときは、気になる音を聞こうとしているのです。立ち耳の子が、左右の耳をあちこちに向けて音の出どころを探るのと同じ。

見つかったら一巻の終わり……

#しぐさ　#耳を伏せる

「怖い！」と思ったら耳を伏せる

シッ！　初めて見るあの人間、敵か味方かわかりませんよ！　まずは、体をなるべく小さくし、相手に見つからないよう隠れて観察。大事な長い耳を立てたままでは、相手に一発で見つかります。ぺったり後ろに伏せて。敵というものは動くものを見つけるのは得意ですが、動かなければ見過ごしてくれるかも……。

はぁぁぁ。ただの飼い主の友だちのようですね。冷静になれば、家の中に危険があるとは思いませんが、世の中何があるかわかりません。確認は大事です。

飼い主さんへ　うさぎが、「怖い！」と思うのは、いつもと違うとき。知らない人やうさぎは、敵か味方かわからないので「要警戒」です。特に、知らないうさぎは、相手だって怖いと思っているはずですから、いきなり会わせると怖さのあまり、攻撃するかもしれません。

警戒令、発動！

#しぐさ　#しっぽを立てる

しっぽの「裏白」は、「警戒して！」の合図

今度はどうしました！　しっぽを立てて！　……敵じゃなくてよかったです。わたしたちのしっぽはふだん下に垂れていますが、興奮したり緊張したりするとピンと反り立ちます。野生のうさぎの毛色は茶色っぽくて、しっぽを立てるとしっぽの裏の白がよく目立ちます。敵から逃げたりするときに、うさぎはしっぽを立てて逃げますが、このしっぽの裏の白い色を見たほかのうさぎは、危険が迫っていることを察します。つまり「警戒せよ！」という合図になっていたのです。

飼い主さんへ　毛におおわれてよく見えませんが、うさぎのしっぽは実は長いのです。それを反り上げるようにして立てるので、よく目立ちます。飼いうさぎだと、いつもと違うにおいに反応したときや発情期に、しっぽを立てます。

Column

One for All ?

仲間を守るための「美談」みたいに思われると、ちょっとこそばゆい気持ちになってしまいます……。足ダンやしっぽ立ての行動は、仲間に対する「警戒せよ！」という合図になっていることは確かですが、狙われたうさぎさん自身には、そんな気持ちはないのかもしれません。

人間の好む映画やドラマの世界では、「オレがおとりになる。お前たちはオレに構わず逃げろ！」みたいなシーンがあるのかもわかりません。でも、現実世界では人間だってそんなことはなかなかできないと思います。うさぎだって、そう。できれば死にたくありません。当事者はとにかく必死に逃げているだけなのですが、興奮してしっぽが上がるのを見たほかの仲間が、「やばい、うちらも逃げなきゃ！」となるだけのよう。

鹿のしっぽも裏が白く、しっぽを立てることがほかの仲間への危険信号になっているようですよ。同じ草食動物で狙われる立場にある者にとって、自分の気持ちとは関係なく、種を守るためにできた共通の仕組みなのかもしれません。

ン？ このにおいは……

#しぐさ　#鼻ヒク（鼻ピク）

においは大事な情報源

ヒクヒクヒク……、なんでしょう、このにおい……。もう少しよく嗅いでみましょうか……。風にのって運ばれる敵のにおいをいち早く察知することで、ご先祖さまたちは命拾いをしてきました。敵だけではありません。繁殖相手とか、おいしいものとか、においからはいろいろな情報を得ることができます。そのため、わたしたちは起きている限り、常に鼻をヒクヒクさせています（150ページ）。特に繁殖相手は、鼻にある「鋤鼻器」で敏感に察知します。

飼い主さんへ　人間もにおいを嗅ぐときに「クンクン」しますが、うさぎの鼻ヒクも同じ感じ。ヒクヒクと鼻を開閉させることで嗅覚を高めます。危険なにおいなど、気になるにおいがあるときは「ヒクヒク」は速くなり、特に危険がないときは動きがゆっくりになります。

ストレスたまるわ〜

#しぐさ　#毛をむしる

ストレスに気づいてほしい……

気がつくと胸の毛をむしっている……もしや妊娠！　妊娠や、偽妊娠（ぎにんしん）（90ページ）による巣作りのために毛をむしることはありますが、そうでなければ、それはストレス行動かも。人間も、ストレスで無意識に髪の毛を抜いてしまうことがあるようですが、うさぎもそんな感じ。うさぎがストレスを感じる要因は、人間に赤ちゃんが生まれたとか、新しいうさぎを迎えたとかといった環境の変化が多いようです。飼い主さんが気づいてくれればよいのですが……。

飼い主さんへ　人間だって、何をストレスに感じるかはそれぞれ違います。うさぎも同じで、外に出るのが好きな子もいれば、ストレスにしか思わない子もいますし、構われることが好きな子もいればそうではない子も。毛をむしるのは、うさぎからのサインかもしれませんよ。

ブルブルブル……

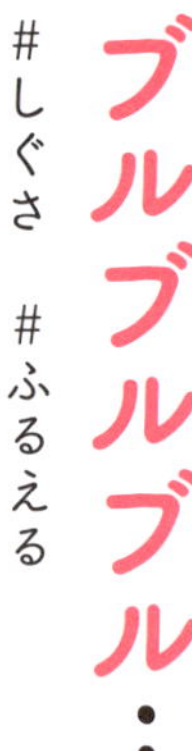

#しぐさ　#ふるえる

ふるえには、あまりよい意味はない

だ、だ、大丈夫ですか……？　何か怖いことでも？　病院の診察台に乗せられて？　何をされるのかわからずにブルブルブル……？　わかります、病院が苦手な子は多いです。ジッとしてれば大丈夫ですから。

うさぎのふるえは、怖いとか、寒いとか、それから体調不良とかが原因。どれをとっても、よい状態ではないことが多いようです。人間がふるえるときも、だいたい似たようなものなので、種は違ってもふるえているときには心配してくれるはず……ですよね？

飼い主さんへ　部屋が寒いとか、走ったあと心拍数が上がっているとか、ふるえの原因に思い当たることがなければ、体調不良を疑ってください。そのほか、けいれんの前触れでふるえていることがあります。早めに病院で調べてもらってください。

白目むいちゃう

#しぐさ　#白目

カッと目を見開く理由はいろいろ

落ち着いて！　好物なのはわかりますけど、白目がチロッと見えて顔が怖くなってますよ！

基本的に、リラックスしているときは、目も耳もしっぽも力が抜けて自然な感じになっています。それが、表情や体に力が入るときは、「恐怖、緊張、興奮」状態。白目が見えるのは、パッチリ黒目をさらに見開いて、だいぶ力が入っているのです。恐怖で逃げたいときは、低い姿勢で白目が見えるほど目を見開きます。好物を前にした白目は、それだけ大興奮ということ。

飼い主さんへ　経験の少ない子うさぎや臆病なうさぎは、「恐怖」で白目をむきやすいようです。人間には理由がわからなくても、うさぎにしか感じ取れない音やにおいに反応していることがあります。なんでもないとわかれば、すぐに元に戻るはず。

だんだん目が細〜くなっていく……

#しぐさ　#目を細める

力が抜けて、いい気分〜♪

はぁぁ……、なんてナデナデ上手な飼い主だ。全身の力が抜けて、とろけてしまいそう……。そんな幸せな状態のとき、目も細〜くなってしまいます。いつもは大きくクリッとした目で、あらゆる方向への警戒を怠らないわたしたちですが、安心な家の中ならくつろいで、目を細めたり、つぶったりもします。つまり、うさぎの目の細さは、リラックス度でもあるのです。ただし、具合が悪いときにも、目を細めてじっとしている場合があります。

飼い主さんへ　リラックスしているのか、具合が悪いのかを見極めるには、食欲を確認します。ごはんを食べていなかったり、いつもは飛びつくおやつを見せても来ないようなら、だいぶ具合が悪いのかもしれません。すぐに病院へ連れていってあげましょう。

Column

うさぎ座談会
飼い主の好きなしぐさ、きらいなしぐさ

きらい

手を広げて追いかけてきて、つかまえようとするの！　いつもは優しい飼い主だけど、ときどき敵に見えてきらい！

きっとそれは、「抱っこ」をしようとして追ってくるんでしょう。悪気はまったくなくて、むしろ愛情のつもりかと。

そんなネザ美さんは→121ページ参照

好き

たまに、床にベッタリはりついているときがあって、びっくりするけど、あれが人間の寝姿なんだよね？　あれだとすぐには逃げ出せないから、きっと警戒心ゼロなんだろうなーと思うと、一緒にいるボクも安心するんだ。

きらい

せっかくいい感じにトイレや、部屋のあちこちにスプレーしてにおいづけしても、飼い主ったら手に持ったやつで変なにおいの汁をふりかけて、においを消して回るんだ。あの変なにおいのやつは、飼い主のオシッコなの？

それは、「消臭スプレー」というやつで、わたしたちのスプレーとは意味合いが違うよう。飼い主とわたしたちのにおいつけバトルは、特にうさぎが若いうちは激しいものになるでしょうね。

ひとやすみ

変形

ややっこしい

3章 うさぎの生活

人間と暮らしても、常にうさぎらしく生きたい。
でも、おいしいものはウェルカムですよね！

あの子、どんな子？

#生活　#あいさつ

うさぎの個人情報はおしりにあり！

これは、これは、フレンドリーなうさぎさんですね。相手のことを知りたいときは、おしりのにおいを嗅ぐのがいちばんですよ。わたしたちのおしりには「鼠径腺」という臭腺があり（161ページ）、そこから出るにおいを嗅げば、性別や年齢、健康状態、気が合うのかどうかまでなんとなくわかってしまうのです。でも、ほとんどのうさぎさんは近寄らせてくれないかと……。あ、ウンチにも同じにおいをつけるので、相手がイヤがる場合はウンチのにおいを嗅いでみては？

飼い主さんへ 怖いもの知らずな子うさぎは、好奇心のおもむくまま、においを嗅ぎにいくかもしれません。一方、「簡単にオレに近づけると思うなよ」というのがおとな。なわばり意識が強くなり、自分を守るのに必死なのです。無理やり〝おしり合い〟にしないでくださいね。

明け方からが、われらの時間

#生活　#活動時間

徐々に飼い主さんの生活リズムに合わせられるようになってきますよ

薄暗くなるとソワソワしてきますよね。わかります。野生では、昼間は肉食動物たちがウロウロしているし、かといって夜は夜で夜行性の肉食動物がウロウロ。か弱いわたしたちは、その動物たちがウトウトしだす明け方や夕方が活動のチャンスですから、血が騒ぐのは当然です。昼間は寝ていて夕方起きて、明け方までチョコチョコ活動という生活サイクルは飼い主さんとは真逆ですが、一緒に暮らしていると不思議と活動時間が合ってきます。学習能力の高さゆえですかね。

飼い主さんへ　一緒に生活していれば、多少は生活リズムが合うようになりますが、昼間休むという基本は変わりませんし、個体差もあります。無理に昼間に起こすようなことはしないでください。あと、不規則な生活はきらいです。規則正しい生活をしましょうね！

わたしって草食系？

#生活　#食べ物

まごうことなき草食系です

なんと！　ペット生活でいろいろな食べ物に味をしめ、忘れてしまったのですか？　わたしたち、野生では草や木の実をモリモリ食べてたではありませんか。むしろそれしか食べていなかった、いや、食べられなかった……（涙）。繊維が多く栄養が少ない草を消化するため、わたしたちの体は腸の機能を最大限に生かした特別システム（156ページ）。繊維をとり、常に腸を動かさないといけない仕組みになっているのです。ちゃんと草を食べないと消化システムが滞（とどこお）りますよ。

飼い主さんへ　わたしたちの体に牧草は必要不可欠。牧草はいつでも食べられるようにしておいてください。ちなみにマメ科の牧草（アルファルファなど）は栄養豊富なので成長期や授乳期に、おとなは低カロリーで食物繊維の多いイネ科の牧草（チモシーなど）がいいですね。

こんなにうまいものがあるなんて……

#生活　#ごちそう

うまいものはほどほどに 健康には粗食がいちばん

うまいですよね。飼い主さんたちがくれる食べ物って。ペレットもうまいし、ニンジンやブロッコリーなどの野菜もうまい。いちごやりんご、バナナなどの果物なんか超うまい！　でも、わたしたちはうさぎ。人間とは体のつくりが違うので、人の食べ物ばかり食べていたら肥満になったり、健康を害することに。野菜や果物は、おやつやごほうびで少したしなむ程度がいいようです。でも、出されたら食べちゃいますよね。飼い主さん、ちゃんとコントロールしてください。

飼い主さんへ　「粗食がいちばん」とはいえ、牧草だけでは栄養が足りません。そこで、ペレットをあげるわけですが、あくまでも「メインは牧草」がうさぎの健康の秘訣。おいしいものは、病院を我慢したごほうびや、病気で食欲がない場合など、特別なときだけに。

ごはんを食べたくない

#生活　#食べない

牧草のおいしさを知らないなんて飼い主さんの責任ですよ

最近、牧草ぎらいのうさぎさんが多いようですね。ちょっとすねておいしいものが出てくるなら、そりゃボイコットもしますよね。我々にも学習能力があるのですから。でも、牧草だっておいしいのですよ。食べ慣れればクセになるというか、日常的に食べたくなります。そもそも体が求めているものです。少しずつ慣れていきましょう。新鮮な牧草や香り高い生牧草から試すのはいかがでしょうか。牧草をキューブ状にしたものも食べやすいかもしれませんよ。

飼い主さんへ　飼い主さんは、うさぎが牧草を食べないからといって、あきらめないで。うさぎの〝がんばり〟に流されないでください。うさぎの体は、牧草を食べて腸を動かす仕組みになっているのです。我が子の健康を願うなら、牧草を食べるうさぎに育て上げましょう！

Column

「健康」って何ですか?

うさぎの本音で言わせてもらえば、牧草よりおいしいものがこの世にあるなら、それを食べて生きていきたい。飼い主さんは、うさぎの喜ぶ顔が見たくて、おいしいものをついあげたくなる。こうして、うさぎと飼い主の利害関係が成立してしまいます。

……けれど、本当はうさぎの世界には、バナナもクッキーもパパイヤもパイナップルもありません。これらは、おいしくって栄養がたっぷりあるものですが、うさぎの体は粗食でも栄養をとれるようにできていて、腸を正常に動かすためには牧草に含まれる「粗センイ」が必要なのです。うさぎの体にとって大事なのは、「牧草をたっぷりとる」こと。「おいしいもの」の天秤(てんびん)の反対側には「健康」がのっています。

うさぎ自身は、健康でありたいなんてまったく考えません。体に悪かろうが、命が短くなろうが、ただただ、目の前のおいしいものを求めます。天秤にのせて、どうしたらよいのかを考えるのは、「健康」や「命」という考え方をもつ、人間の役目です。

オシッコは2種類ありますか？

#生活　#オシッコ

トイレでするオシッコと飛ばすオシッコは用途が異なります

さては、どこかのうさぎがオシッコを飛ばすのを見て「お行儀が悪い……」と思っているのですね。わたしたちはきれい好きですから、巣穴でもオシッコやウンチは決まった場所でします。だから飼育下でもトイレを覚えることができます。でも、オシッコを使ってなわばりを主張することもあるのですよ。スプレー行為といい、自分のにおいをつけるために、豪快に飛ばすのです（58ページ）。性格にもよりますが、こればかりは本能なので止められません。

飼い主さんへ スプレーは本能なのでしつけではなおりません。どうか、消臭スプレーを手に温かい目で見てください。においが残っていると何度もそこにスプレーし、しまいにはトイレだと勘違いすることも。スプレー後はすぐふき取り、においを消すことをおすすめします。

ウンチも2種類ありますか？

#生活　#ウンチ

あります！
種類も用途も異なります

自分がおしりから直接チュルッとのみこんでいるものは、もしかしてウンチではないか……と、気づいてしまったわけですね。今まであまりに当然のごとく吸い寄せられていたから気づくのが遅くなったと。大丈夫です。ウンチはウンチでも、トイレでする硬くて丸いウンチとは別物の盲腸糞（もうちょうふん）というものです。ウンチは不要物ですが、こちらは盲腸で一度発酵され、たんぱく質とビタミンBが大量に含まれた栄養食。食べていいもの、いや、食べないといけないものですよ。

飼い主さんへ　盲腸糞はうさぎの大切な栄養源。もし太りすぎや病気で口が肛門に届かないというときには、盲腸糞が出たら素早く食べさせてあげてください。時間がたったものはまわりの粘着物が乾いてしまい、食べにくくなってしまいますので。

「熟睡」って何ですか？

＃生活　＃睡眠

熟睡……わたしたちには無縁な言葉です

飼い主さんが目をつぶって、どんなに足ダンしても目を開けないときがありますよね。最初はお亡くなりになったのかとドキドキしましたが、これが熟睡というものです。わたしたちがこんなふうにぐっすり寝ていたら、あっという間に食べられてしまいます。うさぎの睡眠時間は約8時間ですが、連続して眠っているわけではありません。浅い眠りをくり返しているのです。寝るときも体を起こして目も開けています。どうです？　寝ているなんて見えないでしょ？

飼い主さんへ　うさぎが横になって目をつぶっている姿が見られたら、安心している証拠。でも、物音がすればパッと起きます。起きているように見えても、ジッとして鼻の動きも止まっているとき（150ページ）は寝ているので、どうか構わないでくださいね。

仲よくなれる？

#生活　#多頭飼い

最初が肝心です　ダメなら深追いは禁物ですよ

わたしたちは野生では集団生活をしていますが、それは警戒の目が多いほうが生き残れるため。巣穴を掘るのも繁殖相手探しも複数のほうが楽ですから。ですが、ペットとしてはどうでしょう？　フレンドリーな方もいますが、ほとんどのうさぎは自分のなわばりを荒らされたくないものです。まずは鼻ツンやあごスリ（57ページ）でごあいさつしてみてはいかがでしょう？でも、相手がおそってきたり、怖がったりしている場合は何をしてもダメです。素早く退散しましょう。

飼い主さんへ　お見合いさせるときは、まずは別々のケージに入れて離して置き、お互いのにおいに慣れさせるところから始めてください。ケージ越しであいさつできても、同じ空間に放したらケンカをすることも。ケンカした相手と同じ空間で飼われるのはストレスです……。

わたしの巣穴に入らないで！

＃生活　＃なわばり

巣穴（ケージ）はわたしたちの聖地　触る者みな傷つけるのは当然です

お怒りの気持ち、よくわかります。怒り……というか怖いのですよね。だってケージの中はわたしたちのプライベート空間。ここにいれば安心というおうちです。そこに無断で侵入するものがあれば、「キャー！不審者！」バシーン！　となるのは当然の行動。何も悪いことはありません。ただ、それをくり返していると、おうちが汚れていくかも……。うちの場合は、外で遊んでいる間に自動できれいになっています。あなたのお宅も自動掃除システムになればいいですね。

飼い主さんへ　右の〝自動システム〟とは、うさぎをケージの外に放している間に掃除やごはんの用意をすることですよ。ちなみに、ケージの外に出すときに飼い主さんが抱っこして出すようにすると、手をケージに入れても敵視せず我慢して抱っこされるようになるかと。

すみっこが落ち着く

＃生活　＃すみっこ

広い部屋の中でも落ち着ける場所がほしいですよね

よく飼い主さんに「そんなすみっこにいないで出ておいで」と言われる？「余計なお世話だ」と。そうですね。きっと人は、「広い＋余計なものがない＝安全に動けて楽しい」と考えるのでしょう。でもわたしたちは広ければ広いほど落ち着きません。身を隠す場所がないなんて、いつ襲われるか……と不安しかないですよね。それに引き換え、すみっこは最高です。なんといっても背後を守られているという安心感。いつまででもすみっこにいられますね。

飼い主さんへ　広い場所で遊ばせたいという飼い主さんのお気持ちには感謝します。わたしたちも遊びたいときには遊びます。でもじっとしていたいときもあるので、無理やり広い場所に出すのはやめてください。あとトンネルや木箱など、隠れられる場所があるとうれしいです。

すき間に入りたい

#生活　#すき間

すみっこが好きなら当然すき間も大好きですよね

ええ、ええ、わかっていますとも。すき間も大好きですよね。両脇をピタッと挟まれていると、狭い巣穴を思い出します。あ、もちろんわたし自身は巣穴にいた経験なんてありませんよ。細胞が覚えているとでもいいましょうか。間に挟まれたい、すき間に入りたいというのは本能ですから、どうぞ気持ちのおもむくままにぐいぐい入っていきましょう。家具のすき間や棚の下なんていいですね。すき間がないときは、飼い主さんの足の間もいいですよ。

飼い主さんへ

わたしたちはとにかく安心したい生き物なので、ちょっと無理めなすき間でも入ろうとします。「掘ればなんとかなるっしょ」と思っているフシも。危険な場所や入ってほしくないところは、入れないようにちゃんとガードしておいてくれないとわかりません。

くっついていたい

#生活 #くっつく

ギュウギュウが安心 ある意味すき間と同じですね

生まれたばかりの子うさぎのころは、一緒に生まれたきょうだいたちと寄り添って暖をとったものです。仲のいいうさぎどうしがついギュウギュウとくっついてしまうのは、きっと当時の記憶が……あるとは思えませんが、すみっこやすき間が好きなのと一緒で、寄り添っていれば安心するからでしょう。相手がイヤがらなければ、思う存分くっついていいのではないでしょうか。ただ、うさぎは気まぐれ。今日はくっついていたけど、明日はケンカすることもあるのでご用心。

飼い主さんへ たまに、おとなになったうさぎどうしでもべったりできる場合があります。が、ほとんどないといったほうがいいくらい、まれ。たまたま一緒に寄り添っていても、気づいたらケンカしていた……なんてこともあるので気を抜かないで仲裁してくださいね。

あいつ、やってやる！

＃生活　＃ケンカ

まあまあ、そう熱くならずなわばりを出たらよしとして

ケンカの原因はなんでしょう？　なわばり争いですか？　上下関係決定戦ですか？　はたまた気が立っているところに何かされたとか？　青年期はイライラしがちですから、お気持ちもわからなくはありません。でも、気をつけてください。わたしたちは犬や猫のようにケンカごっこをしません。つまり手加減ができないのです。そうそう命をかけたケンカをしていては、お互い身が持ちません。ここは、なわばりを出ていったら終了ということで手を打ってはどうでしょうか。

飼い主さんへ　一度ケンカ魂に火がつくと、自分ではなかなか収められません。相手を傷つけ、殺してしまうかも……。複数のうさぎを同じ場所に放すときは、絶対に目を離さないで！　怒りマックスのうさぎさんは霧吹きで水をシュッとかけると我に返ることも。

Column

うさぎのケンカは命がけ……

うさぎって、なぜかおとなしいイメージがあるようですね。鳴かないから？　フワフワのぬいぐるみみたいだから？

そのせいか、不用意に見知らぬうさぎとご対面させる飼い主さんがたまにいるよね～。たいてい、その家のうさぎに客のうさぎが追いかけられて、あわてて止めに入ったりして。そこで初めて「うさぎって案外狂暴なんだ……」なんて、おそいっつーの！

うさぎはなわばり意識がとても強く、なわばりを侵す相手を命がけで追い払おうとする……って、飼い主さんには知っておいてほしいよね。

もともとうさぎって攻撃のすべをもってないじゃん？　ケンカをしかけるほうも必死よ～。犬や猫どうしのケンカは、どっちかが「降参」のポーズをすれば、即終了だけど。うさぎにはないもんね～。

先生、うさぎどうしの不毛なケンカをしないためにはどうしたらいい？

飼い主さんが気をつけてくれるのがいちばんだけど、もし無理やり見知らぬうさぎと「友だちになりなよ～」とかいって会わされそうになったら、全力で「うさ見知り」のふりをするのがよいのかも。

なぜか毛をむしりたい……

＃生活　＃毛を抜く

妊娠ですか？ それとも偽妊娠ですか？

体は痛くもかゆくもない、ストレスもたまっていない、そしてあなたはメス……となると、妊娠……!? かもしれませんね。そういえばおしりを触られた覚えがある!? なるほど、しかしオスの気配がまったくない。これはきっと、「偽妊娠」ですね。毛をむしりたくなるのは、「むしった毛で巣作りせよ！」と本能が命じるからです。勘違いを恥ずかしがることはありません。うさぎは子孫を残したい気持ちが強い生き物。オスを見ただけで偽妊娠することもあるのですから。

飼い主さんへ 偽妊娠中のメスは「巣作りしなきゃ！」と使命感でいっぱい。途中で抜け毛を掃除してしまうと、さらに自分の毛をむしるようになるので、巣が完成してからそっと巣を取り除くようにしてください。当然ですが、うさぎが見ていないときに片づけてくださいね。

なぜか牧草を運んでいる

#生活　#巣作り

それもきっと偽妊娠による巣作り行動でしょう

ほほう、毛と牧草をまぜ、着々と巣作りが進んでいますね。え？　乳腺（にゅうせん）も張って母乳が出てきた？　これは本当の妊娠ではないか？　いえ、偽妊娠でも母乳が出ますよ。偽妊娠はだいたい2週間くらいで収まるそうなので、心配せずとも大丈夫ですよ。それまでは心おきなく巣作りに励んでください。あ、でも、今回は収まっても、また何度でも偽妊娠をくり返す可能性はあります。さすがに頻繁すぎると疲れますよね。その場合は動物病院で相談してみましょうか？

飼い主さんへ　偽妊娠は病気ではないので自然に収まりますが、妊娠中はいつもより神経質になりますし、巣作りも何度もとなると疲れます。高齢で偽妊娠すると乳腺の異常形成が起こることもあるそう。頻繁にくり返す場合は避妊手術を検討してみてはいかがでしょう？

一年じゅう繁殖OK！

#生活　#妊娠

すべてはメスしだいですけどね……

どの世界でも繁殖の主導権を握っているのはメス。犬でも猫でもうさぎでも、オスは性成熟を迎えれば一年じゅう繁殖できますが、メスのOKが出なければ何も始まりません。でもわたしたちうさぎのメスはとっても寛容。犬や猫さんたちは年に2～3回お許しが出る時期があるそうですが、うさぎのメスは4～17日間の許容期と1～2日の休止期をくり返すシステム。ほぼ年じゅう繁殖可能です。しかもメスは交尾後に排卵するので妊娠率も高いのですよ。

飼い主さんへ　年じゅう繁殖OKとはいえ、野生時代は子育てがしやすい春などが中心でした。しかし今は気温も食事も安定している室内暮らし。まさに年じゅう繁殖可能です。おとなのオスとメスが出会えばあっという間に交尾、すぐ子どもができてしまうのでご注意ください。

Column

うさぎの「偽妊娠」

牧草やむしった自分の毛でせっせと巣作りをしていると、なんとなーく飼い主さんが微妙な目で見ている……。偽妊娠は、メスうさぎなら起こりうることなので、恥ずかしいことでもなんでもないのですが、人間からするととても不思議なようなのです。

去勢したオスやメスにマウンティングをされたり、そんな行動もなく単にお年頃で、ふとオスの存在を感じたせいだったり……原因はいろいろあります。けれど、その行動も2週間もすると収まります。

「偽妊娠」の行動をとっているとき、メスのうさぎは本能に従っているだけで、1〜2週間たって実際には赤ちゃんが生まれなくても、「アレ?」とは思わないようです。「赤ちゃんがいない!」と悲しむこともありません。動物は、いちいち「交尾したから妊娠した」などと関連づけて考えてはおらず、すべてが本能のおもむくままなのですから。病気でもないので、心配ご無用、放っておいてもらって大丈夫。ただし、偽妊娠でもお乳は出てしまうので、熱をもつなどのトラブルが起こった場合は病院へ連れていってもらってください。

子育て、どうしたらいい？

#生活　#子育て

1日に数回、授乳すればいいのです

最初の出産はとまどってしまいますよね。でも大丈夫。わたしたちの祖先、アナウサギから代々伝わる子育てはとっても簡単なのです。1日1、2回、5分～10分程度の授乳をするだけ。ね、簡単でしょ。野生ではずっとそばにいるよりも、穴の中に子どもだけを置いて入り口をふさいで隠したほうが、敵から子どもを守ることができるのです。一緒にいても弱いわたしたちには赤ちゃんまで守れませんからね。放任主義に見えますが、命を守り継ぐための知恵なんです。

飼い主さんへ　「子育てが簡単なら赤ちゃん産ませてみよう」などとは決して思わないで！　生まれた赤ちゃんを責任もって育てることができるか？　また赤ちゃんはあっという間に性成熟し、新しい赤ちゃんを産みます。まさにねずみ算式に増えてしまいますよ！

これって反抗期？

＃生活　＃思春期

おとなの階段をのぼる思春期です

急に抱っこがイヤになったり、ケージ内のレイアウトが気に入らず物を投げてみたり、「なんだかイライラする！」というあなた。それは自我が芽生えはじめている証拠。思春期ですよ。子うさぎのころは、されるがままに物事を受け入れていましたが、「オレだってひとりでできる！　どこまでやれるかやってやるぜ！」という自分のいろいろな可能性を試す時期です。飼い主さんとの新たな関係を築く時期でもあるので、思う存分、いろいろ試してみるといいと思いますよ。

飼い主さんへ　足ダンや鼻鳴らしをくり返したり、ケージ内で暴れたり、あちこちにオシッコやウンチをばらまいたり。わたしたちは自分の要求がどこまで通るのか、なわばりがどこまで広げられるかを試しています。正々堂々、勝負をしましょう。順位が決まれば受け入れます。

いつからシニア？

＃生活　＃シニア

心はいつまでも若者 体の変化は5歳くらいから

最近、飼い主さんの優しさが身にしみる？　それはいろいろなお世話をしてくれてありがたいということですね。気づいたらケージから段差が消えていた？　歩きやすくなったわけですね。もしや自分はご長寿なのか？　さすが、気持ちがお若い！　10歳にして変化に気づきましたか。老化が表れる年齢はさまざまですが、一般的には5歳くらいから。でも心と体は連動しますから、気持ちが若ければ体もついていこうとするし、体が健康なら気持ちも若くいられるものですよ。

飼い主さんへ　年をとれば何かしら不調が出てくるものです。それを受け入れてサポートしていただきたいです。わたしたちもカドがとれ、上手に甘えられるようになるので、たとえ病気になっても、一緒に楽しい老後を送れたら幸せです。

Column

思春期にとまどう飼い主

今までおとなしく抱っこされていたのに、急にイヤがるようになった……。

ケージに手を入れてなでようとしたら、噛みついたり、威嚇したりするように……。

前はなでられるのが好きだったのに、今は近づくとだれかれ構わず噛みつきます……。

いずれも、急にうさぎが変わったようになってしまったことを悩む飼い主さんの声。だいたい4〜9か月くらいのうさぎに対して起こる現象です。

しかし、これは単にうさぎが成長したっていうだけの話。

赤ちゃん時代は、この世に生まれたばかりで何もわからず、ただぼんやりして過ごします。それが、だんだん自分のことがわかってきて、周囲も見えてきて、「自我」が出てくるのが、うさぎの場合は4か月〜くらい。ここから3歳くらいまでは、うさぎの「思春期」となります。人間には「反抗期」という言葉があるようですが、反抗したいというよりは、自我が出てきて「イヤだ」「あれをしたい」「欲しい」が主張できるようになっただけ。突然変わったわけでも、ワガママでもなく、本当は祝福すべきことなんですけどね……。

UsaGaku Test

○か×で答えよう ウサ学テスト －前編－

どれだけウサ学が身についたか、○×テストでチェックします。
まずは、1～3章を振り返りましょう。

第1問	わたしたちは、完全なる**ベジタリアン**だ。	[　　]	→答え・解説 P.76
第2問	飼いうさぎはびっくりすると、**垂直ジャンプ**をする。	[　　]	→答え・解説 P.20
第3問	うさぎは、食べられるかどうか、すべて**かじって確認**する。	[　　]	→答え・解説 P.42
第4問	うさぎは2本足で**立つ**ことができない。	[　　]	→答え・解説 P.28
第5問	うさぎは、怖いときだけ**しっぽ**を振る。	[　　]	→答え・解説 P.46
第6問	**垂れ耳うさぎ**は、自分で耳の手入れをしない。	[　　]	→答え・解説 P.48
第7問	目を開けて**眠る**ことができる。	[　　]	→答え・解説 P.52
第8問	気持ちがいいと**歯ぎしり**をしてしまう。	[　　]	→答え・解説 P.54

第9問	イヤなことをされて「もうやめて！」というときに**歯ぎしり**をする。	[　　]	→ 答え・解説 P.54
第10問	飼いうさぎはほとんど**鳴かない**。	[　　]	→ 答え・解説 P.23
第11問	野生では雨の前に**巣穴の入り口**をふさぐ。	[　　]	→ 答え・解説 P.56
第12問	2種類の**ウンチ**をする。	[　　]	→ 答え・解説 P.81
第13問	**「キーキー」**鳴くのは、飼い主に遊んでほしいとき。	[　　]	→ 答え・解説 P.34
第14問	走り回って休憩するときは、勢いよく**バタン**と倒れる。	[　　]	→ 答え・解説 P.51
第15問	妊娠していなくても、**巣作り**することがある。	[　　]	→ 答え・解説 P.91

11〜15問正解

さすがです！　うさぎゴコロがわかってらっしゃる〜♪

6〜10問正解

基本的なことはわかっているようなので、もう一度復習してみて！

0〜5問正解

もっとうさぎゴコロをお勉強して、モテうさぎをめざしましょう！

答え：1○ 2× 3× 4× 5× 6× 7○ 8○ 9○ 10○ 11○ 12○ 13× 14○ 15○

ひとやすみ

オス・メス

女の子は自立心が強く、男の子は甘えん坊な子が比較的多いようです
♀
つんっ
♂
ぽやー
ほかにも違いがあるか比べてみてください
女子のほうがなんか太ってる～
なによ！最低！
ご…
ごめんなさい…
モップみたい!!
モップだって……
かわいいモップだからいいじゃない
なぐさめになってないです

ニオイづけ

4章 人との暮らし

飼い主との暮らしはいかがですか？
人間との生活が、よりよいものになるといいですね！

ある日突然、見知らぬところへ……

#暮らし　#お迎え

知らない場所は、ドキドキしますよね

突然知らない場所に連れてこられて、なにごとか⁉と思ったことでしょう。目の前にいる人間は、今日からあなたの新しい家族。飼い主という名の人間です。どんな人間か、今はまだよくわかりませんね。しばらく観察してみましょう。相手だってうさぎを迎えようというくらいですから、少しは勉強しているはずです。慣れるまでは、手を出したりはしないでしょう。もし手を出してくるようだったら、思いきり目を見開いて、全身をふるわせて「やめて～」と伝えてみて。

飼い主さんへ　わたしたちは環境の変化に弱く、知らない場所に連れていかれるとすごく緊張します。お迎えされて1週間ほどは、どうかそっとしておいてください。また、お迎えの前に、それまでのわたしたちの住まいを参考に、お部屋を作ってくださるとうれしいです。

何これ？怖い！

#暮らし　#手

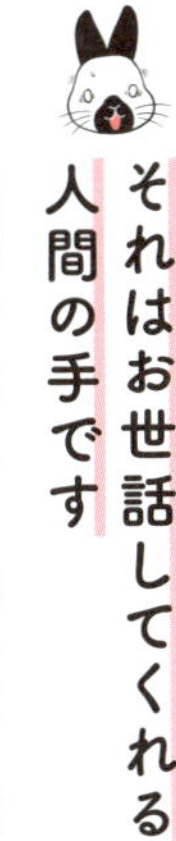

それはお世話してくれる人間の手です

突然頭上に大きなものがニュッと現れたら、びっくりしちゃいますね。それはあなたの飼い主の手。悪いことはしないはずですが、慣れるまでは距離をとっておいてもいいですよ。手の主が優しげに話しかけているのが聞こえますか？　なんだか気を許してもよさそうですよ。あなたに危害を加えないことがわかったら、部屋の中にあの手が入ってきたりしても、ちょっとだけ許してあげてください。ごはんをくれたり、部屋をきれいにしてくれたりしますから。

飼い主さんへ　わたしたちはとても怖がりなので、頭の上に急に手を伸ばされるとビクッとしてしまいます。天敵の鳥に狙われることを思い出すせいもあるかもしれません。頭をなでるにも、ゆっくり触るようにしてもらえれば、時間はかかりますが少しずつ慣れます。

2 食昼寝つきでお願いします

#暮らし　#活動時間

日中はのんびりしていたい

字面にするとなんだか、ずいぶんなまけものみたいですね。わたしたちは「薄明薄暮性（はくめいはくぼせい）」といって、明け方と夕暮れ時に活発に動く習性をもっています（75ページ）。とはいえ、野生でも昼間ずっと巣穴の中で寝ているわけではなく、敵の気配がなければ地上に出て日にあたったりしていたようです。安全な家の中で過ごす飼いうさぎの活動時間は、さらにフレキシブル。飼い主に時間を合わせてあげることもできますが、DNA的には昼間はオフの時間。無理せず寝ときますか。

飼い主さんへ　アナウサギは、明け方&夕暮れに地上に出てきて、食べたり恋をしたりします。それにならって、飼いうさぎの食事も朝と夕の2回でお願いします。うさぎはチョコチョコ食べたい生き物。昼間や深夜も、ちょっと起きて、食べては寝てをくり返します。

耳で持ち上げないで……！

#暮らし　#NG行為

ピピー！　NG行為!!
絶対にやめてください

なんてことでしょう！　耳で持ち上げるなんて。乱暴なことをする人がいるものですね！　うさぎが家畜として扱われていたときには、そういうこともあったのかもしれませんが、今どきそんなことをする人がいたとしたらびっくりです。うさぎの耳は細かい血管がたくさん集まっている、とてもデリケートな器官です。「つかみやすい」なんてくだらない理由でつかんだりしないでほしいですね。そんな不届きものには、16文キックをお見舞いして逃げましょう。

飼い主さんへ　うさぎの耳は握りやすい形に見えるかもしれませんが、つかんで持ち上げてもいいようにはできていません。耳に異常が起こると、広く音を聞き取ったり、体温調節したりといった大切なことができなくなってしまいますから、決して手荒に扱わないでくださいね。

飼い主、「おいしいやつ」は⁉

#暮らし　#おやつ

「あまーい」おやつは、「たま〜に」がオススメ

「おいしいやつ」というのは、ごはんではなく、「おやつ」……ということですね。わたしたちは草食動物なので、基本的には草を食べて暮らしていますが、人との生活でのごはん（主食）は「ペレット」や「牧草」ということになるようです。

果物や野菜、小麦などのグルテンが入ったクッキーのようなおやつはとてもおいしいですが、食べすぎれば肥満や偏食のもとになります。それで飼い主さんも、少し控えめにしているのでしょう。

飼い主さんへ　糖分の入っている「おやつ」は、やはりおいしいのですが、本来のうさぎの食事にどうしても必要というものではありません。何かがうまくできたときのごほうびや、気分転換のアイテムとして、お使いになるといいと思います。

Column

飼い主操縦テクニック

異種である人間と暮らしていると、「どうして、このキモチわかってくれないかな〜」という場面が多々あるはず。「うさ語」が通じない飼い主に、こちらのキモチや意思を伝えるにはちょっとしたコツが必要なのです。例えば、次のような方法を試してみてはいかがでしょうか?

1 牧草を食べない

世の中にはもっとおいしいものがあるはずなのに、イジワルして出してくれない飼い主には、ぜひハンガーストライキを! ただし、やりすぎると自分の身が危ない場合もあるので、頑(がん)として譲らない飼い主相手であれば、やめておきましょう。

2 お皿を投げる

お皿を投げると音がするので、飼い主の注目を集めやすいでしょう。こっちを見たら、すかさずアイコンタクトで、キモチを伝えて。「ごはんまだ?」「こっち見て!」。何にしても、そこそこ有効です。

3 狭いところにもぐって出てこない

「あのカゴを出してきたってことは病院か!」。これは、一大事です。病院に行くと、またあの怖い人(先生)に、何をされるかわかりません。ケージが開いたらすぐに、速やかに手の届かない場所に逃げましょう。

なでて！

#暮らし　#スキンシップ

おでこをなでなでしてもらいましょう

飼い主さんの手が目の前にあったら、すかさず手の下に頭をつっこんで、「なでてほしい」アピールをしてみましょう。きっと喜んでなでてくれますよ。

おでこをなでてもらうと、気持ちがいいですよね。つい、頭が下がっていっちゃいます。わたしも、若いころはそうでもなかったですが、最近はなでなでが大好きです。おでこは自分で手が届かないというのもありますね。あまり長時間だと飼い主さんも手が疲れちゃいますから、ほどほどで勘弁してあげましょう！

飼い主さんへ

おでこをなでてもらえると、とても気持ちがいいのです。小さいうちは慣れない子もいますが、そのうち気持ちよさがわかって、なでなでを要求してくるようになります。そうなったらなでればなでるほど、わたしたちからの好感度はアップしていくことでしょう。

ほめて! ほめて!

#暮らし #コミュニケーション

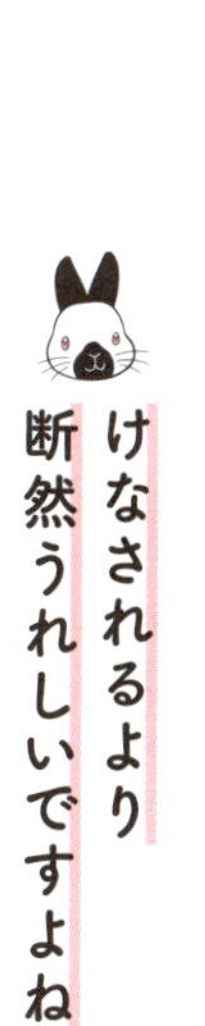

けなされるより断然うれしいですよね

あれ、飼い主今、オレのことほめた? よしよし、もっとほめろ。……っていうこと、ありますよね。何を隠そう、わたしもあります。飼い主がほめるということは、喜んでいるということだから、わたしたちだってうれしさを感じますよね。逆に、けなされたかな? っていうのも、わかっちゃいます。やっぱり、ちょっと、悲しくなります。お互いにいつもいい気分でいられたら、とてもいいのですが。なかなかそうはいかないことも含めての人生……いえ、〝兎生〟です。

飼い主さんへ ほめられるととてもうれしくなります。できればいつもほめていてほしい。でも、わたしたちのしたいことが、飼い主さんにとってうれしいこととは限らないかもしれませんね。壁紙を破いたり、新聞紙を破いたり……。なんていうか……すいません。

Column

うさぎと飼い主の 関係性診断

飼い主との普段の生活を思い出して、
質問に答えていきましょう。

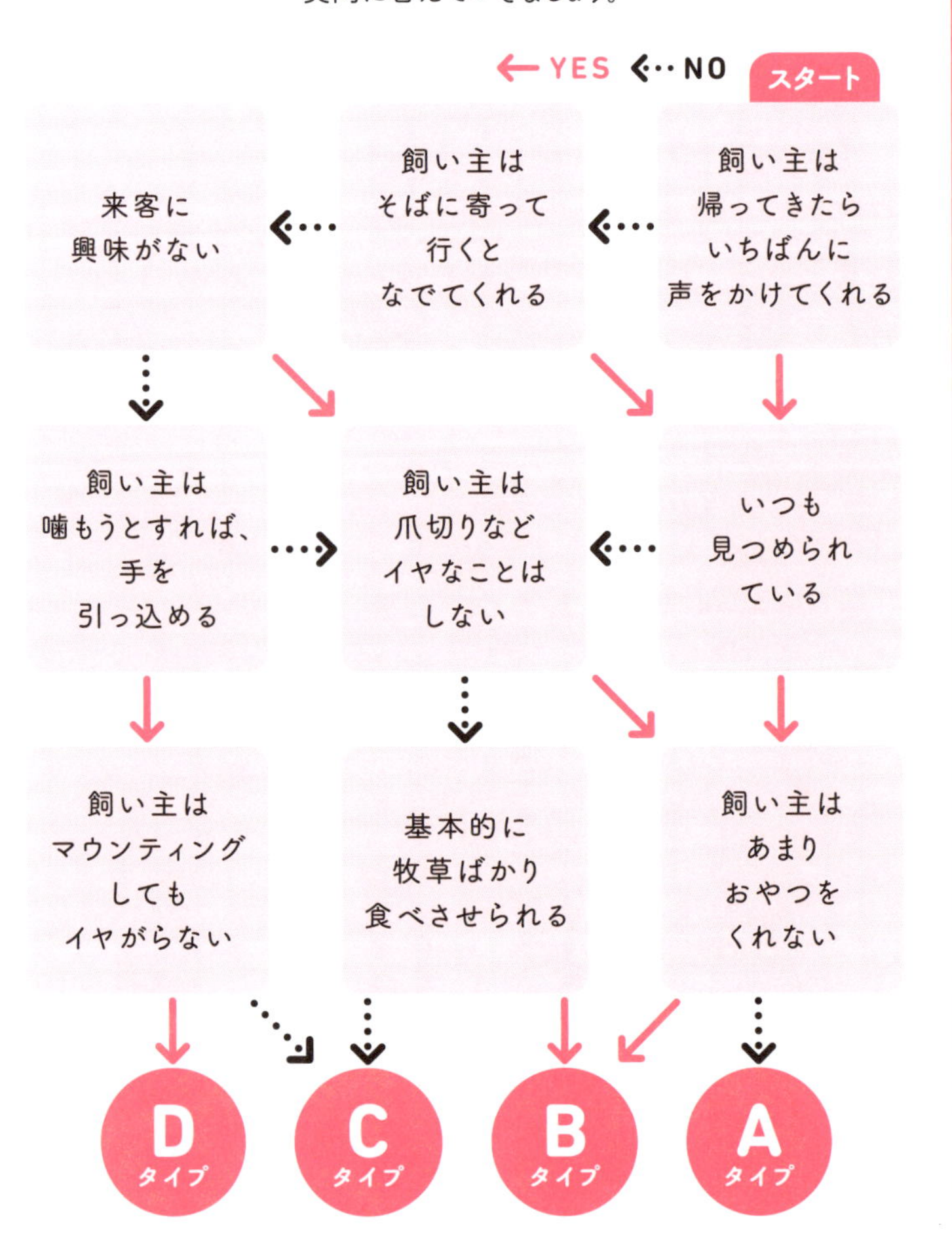

診断結果

Aタイプのあなたは……

恋人関係

飼い主さんはあなたしか目に入らず、また、あなたも飼い主さんしか目に入らない相思相愛の関係。ただし、飼い主さんがいないと不安になったり、飼い主さんが彼氏・彼女を連れてきたら嫉妬したりしてギクシャクしないとも限りません。

Bタイプのあなたは……

家族関係

飼い主さんを親のように信頼し、飼い主さんからは我が子のようにかわいがられている理想の関係。たまにワガママを言っても、怖いお母さんだから通じないことでしょう。

Cタイプのあなたは……

友だち関係

飼い主さんとあなたは対等な友だち。遊び友だちとして一緒にいて楽しい相手でしょう。ワガママを言えば通じることもあるし、あなたが折れることもあるかも。

Dタイプのあなたは……

主従関係

飼い主さんよりも、あなたのほうが優位な関係。あなたがしてほしいことを強く要求すれば、たいてい叶えてもらえるはず。ただし、あまり怖がらせすぎると、外に出してもらえなくなるかも？

飼い主から目が離せません

＃暮らし　＃見てる

好きだから　つい見てしまうのですね

そんなに見つめたら飼い主さんに穴が開いてしまいますよ。あなたがじーっと見ていることに気づいて、飼い主さんがドキドキしています。さてはそれが狙いですか？　穴が開くほど見つめて、落としてやろうという……。なかなかプレイボーイですね。そのあとは飼い主さんのほうに走っていって、ひざに飛び乗りますか？　それとも垂直ジャンプで身をひるがえして、反対方向に逃げていきますか？　達者なかけひきで、飼い主さんのハートはみごと撃ち抜かれたようです。

飼い主さんへ　わたしたちが見ているときは、何かあるのでしょうけれど、それはそのときそれぞれ、なぜかなんてわかりません。でもきっと、あなたのことが気になって仕方ないから、じっと見ているんだと思います。ぜひ、にっこり笑って応えてあげてください。

飼い主、どうしたの？

#暮らし　#共感

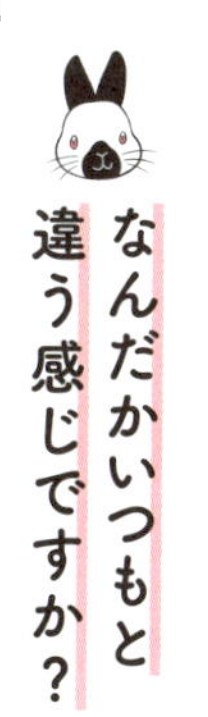

なんだかいつもと違う感じですか？

様子がいつもと違うとは、気になりますね……。敵の気配がするのか。はたまた、ごはんがなくなりそうなのか……。わたしたちの生活に支障が出る事態なのかもしれません。そっと近づいて、どうしたの？　とうかがってみてはどうでしょう。わたしたちもたまに、大丈夫かなぁと不安モードになりますよね？　飼い主さんもなんでもないことがわかれば、普段どおりに戻るはず。そっと見守りましょう。あなたがそばにいれば元気になってくれるかもしれませんよ。

飼い主さんへ　わたしたちは、「いつもと違う」ことにとても敏感です。いつもと違うと、どうしたんだろう？　と不安になります。変化は避けられないものではありますが、毎日、何かが違う!!　ということは、できるだけ避けていただきたいわたしたちです。

構われたくないんですけど……

#暮らし　#ストレス

うるさくするやつはきらいなのですね

遊ぶのは楽しいけれど、何事も度がすぎると苦痛ですよね。それにあなたは、どちらかというと静かなのが好きみたい。あまり自分の求めることと違うことをされるとストレスですね。あなたがどういうことを好むのか、飼い主さんがわかってくれるといいですが。そんなときはスッと立ち上がって、一歩後ろに下がり、まだ手を伸ばしてくるようなら「ガウッ！」と一発、威嚇してやりましょう。たいていはこれで引き下がってくれるはずです。

飼い主さんへ　構われるのが大好き、遊んでもらうのが大好き！　といううさぎもいると思います。一方そうでない子もいて、そこはうさぎそれぞれ。うさぎによって性格に違いがあるのを見極めていただき、適度な距離感をもって接していただけるとうれしいです。

構ってほしいときもあります

#暮らし　#コミュニケーション

放っておかれすぎても、居る必要がないみたいで……

うさぎは寂しいと死んでしまう、というのは少し前に言われていた作り話。とはいえわたしたちのルーツであるアナウサギは集団で暮らす動物ですし、仲間といるのも好きです。飼い主さんの家で一緒に暮らしているのに、あまり放っておかれたら悲しいですよね。

ケージの外に出られているなら、飼い主さんの足元に行って鼻先で足をツンツンとつついてみましょう。あなたがすぐそばにいることを、思い出してくれるかもしれません。

飼い主さんへ 構いすぎないでほしいというのも本音ですが、信頼関係を築きたいという思いもあります。ストレス耐性もうさぎによって差がありますので、それぞれの性格に応じて、適度なコミュニケーションをお願いしたいです。

掃除しないでほしいのですが

自分のにおいを消されるのは困ります

自分のにおいがきれいに消されてしまうのは、なんだか落ち着かないですよね。オシッコやウンチのにおいは、まわりに「ここはぼくの場所だよ」と伝えてくれるので、それを掃除されてしまうと、なわばりが弱くなる気がして不安になるのですね。

でも、トイレをそのままにしておくとウンチがたまっていってしまいますから、こればかりは仕方ありません。掃除されるのがイヤだからって飼い主さんの手をあんまり噛むと、信頼関係にヒビが入ります。

飼い主さんへ においが強い盲腸糞（81ページ）や、オシッコが掃除されそうになると怒って突撃してくるうさぎは多いです。攻撃的すぎるようでしたら、流血事件を防ぐためにも掃除の際はキャリーなどに入れて隔離（かくり）しておいてもよいかもしれません。

いろんなところでオシッコしちゃう

#暮らし　#オシッコ

思春期にはよくあることです

オシッコが1か所でできなくて飼い主さんに怒られた？　気にしないで大丈夫。いろいろなところでするのは、その場所が自分のなわばりであることを示す行為ですから、うさぎには自然な行動なのです。年を重ねれば落ち着いてきますから。え？　どこでもしたい性分なんだって？　おおらかな方なのですね。トイレの場所の決定権はうさぎにあるので、それでよいかと。自分で「ここ」と決めた場所にペットシーツを置いてもらうと、その上でできるかも。試してみては？

飼い主さんへ　わたしたちは生後3〜4か月くらいになると思春期を迎えます。なわばりの主張、広い場所で走れるうれしさなど、さまざまな理由でオシッコ飛ばしをするようになります。興奮しすぎているなと思ったら、ケージで少し休ませてください。

ケージの中だけじゃ狭すぎます

＃暮らし　＃へやんぽ

ずっと閉じ込められていたら、体がムズムズしちゃいますね

ケージの中って、広くても幅80センチ程度。わたしたちは本来、半径100メートルほどをなわばりとして行動しますから、ケージの中だけじゃとても満足できませんよね。一日にせめて30分はケージの外に出してもらい、〝へやんぽ〟をしましょう。

慎重にまわりを確かめながら、大丈夫そうなら思いきり走り回ってみて。おっと、部屋の中には新聞紙とか、ビリビリにしたら楽しそうなものがたくさんあります。出しっぱなしってことは遊んでもOK？

飼い主さんへ　大きめのケージを買ったからと閉じ込めっぱなしにしないで、できるだけ遊ばせてください。ケージの外に出すときは、かじってはいけないコードや、ちぎってはいけない紙類などは、わたしたちの手が届かないよう、片づけるなりガードするなりしてください。

Column

リーダーになりたい！

うさぎの社会には序列があります。群れでは、強いオスがリーダーで、群れのメスと繁殖する権限があります。メスも、年上で優位なうさぎが、巣穴の好きな場所を使えたり、年下の劣位のうさぎを追い払ったりします。優位な立場にいるほうが、何かとお得なことが多いのです。

それは飼いうさぎだって同じこと。飼い主さんが、一応は食事を与えたり守ったりしてくれてはいますが、だからといって飼い主さんがリーダーとは限りません。元々うさぎは、自分で食べ物を探せる動物なので、食事を与えてくれたからって感謝はしないのです。

飼い主さんとの生活でリーダー（優位）になれば、おいしいものがもらえたり、ケージから出たいときに出られたり、何かとよいことがあるのはうさぎにだってわかります。強いリーダー（飼い主）の下では、「この人には敵(かな)わないや」と諦めつつ従います。リーダーが強いというのは群れが安泰ということなので、それはそれでイヤではありません。しかし、リーダーが弱ければ、とって代わって天下をとりたい！　うさぎは常に、野望をもちます。

うさぎにリーダーとして認めてもらうポイントは、「ダメなものはダメ！　でも認めるところは認める」という強くて包容力のある態度。甘やかしすぎも、厳しすぎもNGですよ。

今、わたしのこと話してる？

#暮らし　#言葉

人の言葉はわからなくても、なんとなくわかります

自分のことを言われていると、反応しちゃいますよね。ほめられてるのか？　けなされてるのか？　しっかり聞いてしまいます。それによってこちらも態度を変える必要があるかもしれませんしね。人の言葉が全部わかるわけではないけれど、話し方からわかることはあります。犬なんかだと、話しかけられたときの脳の動きが人と同じということがわかっているらしいですよ。言葉はもっている意味だけじゃなく、気持ちがこもるものですし、わたしたちは耳がよいですからね。

飼い主さんへ　わたしたちに言葉は伝わらないと思われるかもしれませんが、自分の名前を覚えていて呼べば寄っていくうさぎもいます。声帯が発達していないので鳥さんのように話すことはできませんが、単語を覚えたり、声色であなたの気持ちを察したりもできるのです。

抱っこ、イヤだ～！

#暮らし　#抱っこ

自由を奪われるのはゴメンだ～！ですよね、わかります。でも……

飼い主さんがイヤがるあなたを抱っこしようと追いかけまわしてくるのですね。それはストレスですよね……。体の動きを奪われる「抱っこ」は、やっぱりイヤなもの。でも、人間の生活エリアで暮らしている以上、飼い主はあなたを野放しにしておくことはできません。延々と追いかけてくるでしょう。抱き方がへたくそだったら足でキックしてやめてほしいことを伝えてもよいですが、体をあずけても大丈夫そうと思えたら、身を任せることも検討してみてください。

飼い主さんへ　抱っこの練習は座って行いましょう。まずおなかのほうから片手を入れ、人さし指を両前足の間にさしこみ胸元を持って前足を固定。反対の手でおしりを支えながら持ち上げてみてください。および腰でやっているとこちらにも伝わるので、迷いなくどうぞ。

爪切りもキライ……

#暮らし　#爪切り

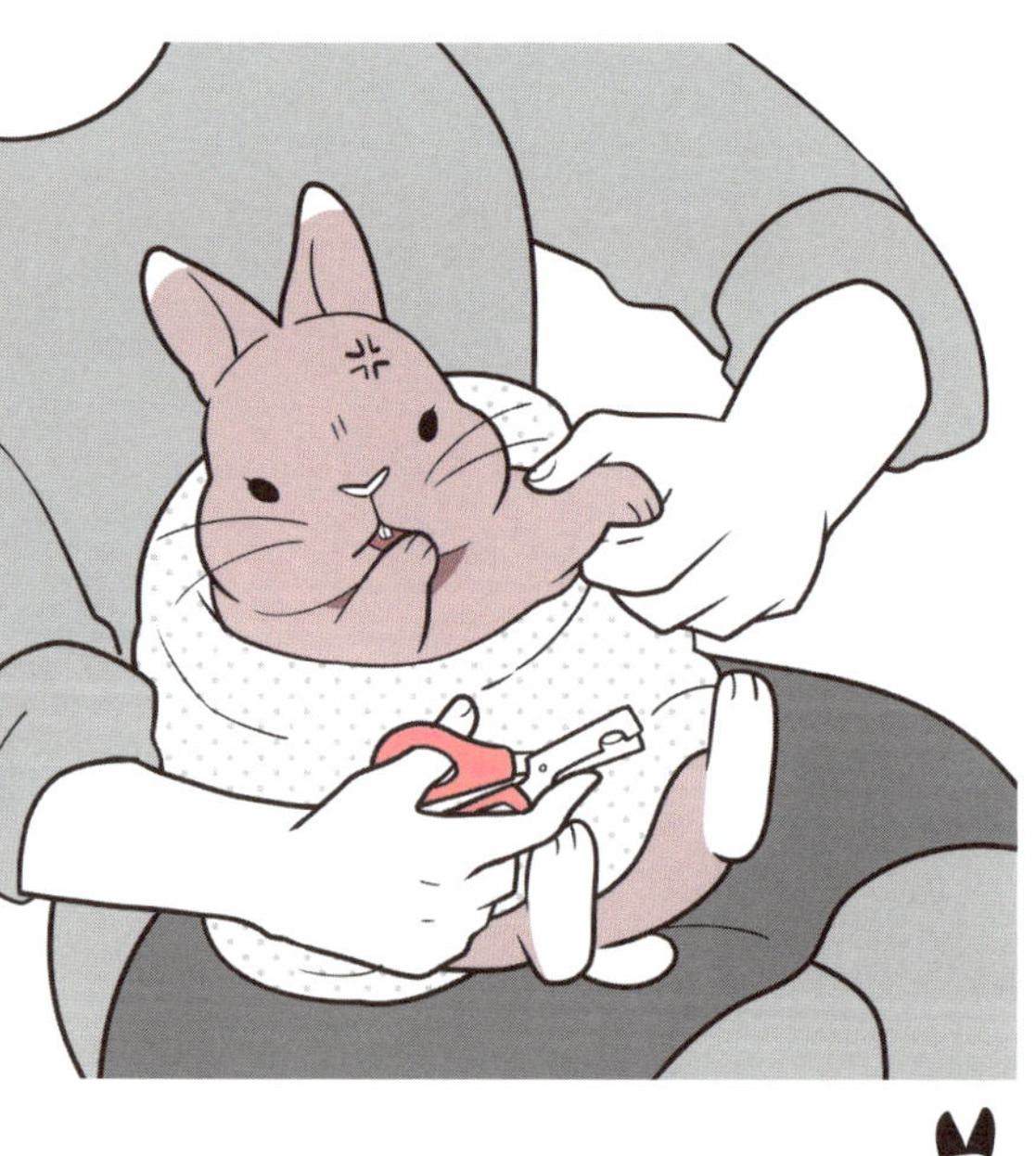

爪の伸びすぎは事故のもとです

野生で生活していればわたしたちの爪は自然と削れていくのですが、削る機会があまりない飼いうさぎ生活では、爪はしっかり伸びていきます。爪切りはがっちりホールドされてしまうので、苦手だと思うのはわかりますが、伸びすぎてカーペットなどにひっかけてしまったりするとケガのもとになります。飼い主さんか、病院か、またはうさぎ専門店など、爪切りに慣れている人に切ってもらいましょう。おとなしく切らせてあげたら、おいしいものが出てくるかも。

飼い主さんへ　爪を切られるのは、平気なうさぎと苦手なうさぎに分かれるようです。爪がのびのびになってしまうのも危険ですが、爪切りが苦手なうさぎの爪を無理に切るのはケガのもと。病院や専門店など慣れている人に、月イチくらいで切ってもらってくださいね。

四季を快適に過ごしたい

#暮らし　#季節

暑いのも寒いのも無理ですよね……

日本の夏の暑さや冬の寒さときたら、うさぎにはツライですよねぇ……。わたしたちが過ごすのにちょうどいい気温は、20～25℃くらい。春や秋はちょうどいいですが、夏と冬は温度管理をしてもらわないと、とたんに体調を崩してしまいます。梅雨のジメジメも要注意です。アナウサギはもともとはカラッとしたスペイン出身（171ページ）なのですから。

文明の利器エアコンで室温管理をしてもらいましょうね。

飼い主さんへ　猛暑の時期はエアコンをつけても、突然気温が上がりジメジメしだす5～6月は忘れがち。ケージまわりと室温には差があるので、ケージに温湿度計を取りつけ、なるべく室温20～25℃、湿度40～60％をキープしてくださいね。

飼い主、ちょっと用がある

#暮らし　#ツンツン

「おい」とは言えないですものね　鼻ツンで気づいてもらいましょう

悲しいかな、わたしたちは話すことができません。だって声帯が発達していないのですから。自然界では音を出すと敵に見つかるので、声なんて必要なかったのです。でも、人と暮らしていれば、構ってほしかったりごはんがほしかったり、伝えたいことも出てきますよね。だから、飼い主さんへの要求は行動あるのみ。「ちょっと、ちょっと」と鼻で飼い主さんをツンツン。ただ、軽いツンツンだと伝わりにくいので、飼い主さんには少々強めの鼻ツンがおすすめですよ。

飼い主さんへ　鼻ツンするときは、たいてい「ちょっと構ってほしい」だけなんで、少し忙しい手を休めてわたしたちを見てください。あ、でもたまに「そこ、どいて」や「ごはんちょうだい」という要求のことも。無理な要求は、無視してOKです。

不満があります

#暮らし　#不満

何かに気づいてほしいのですね

おやおや、飼い主さんにおしりを向けてしまって、どうしたのですか？ 風があたって寒い……わけでもなさそうですし、体調が悪いのですか？ え、違う？ ということは、何か不満があってすねているのですね。なるほど。わたくし個人的には、不満があるときにはダイレクトに訴えたほうが伝わりやすいと思いますが、まあ、表現方法はうさぎそれぞれですからね。後ろの様子をうかがいながらサインを送り続けるのもいいのではないでしょうか。

飼い主さんへ 警戒心が強いわたしたちがおしりを向けるのは、あなたを信頼しているからこそではありますが、気に入らないことがある場合も。体調が悪いこともあるので、注意してくださいね。ちなみに、うさぎの視界はほぼ360度。後ろも見えていますよ。

注目してくださーい！

#暮らし　#ひざに乗る

飼い主さんのひざに乗って最大級の「構ってアピール」を

飼い主さんに構ってほしいときってありますよね。わたしはなでてもらうのが大好きなので、そんな気分のときは自分から飼い主さんのひざの上に乗ってスタンバイするものです。え？　まだひざに乗るのは怖い？　そうですよね。わたしたちは元々、警戒心が強い動物ですから、怖い気持ちもわかります。でも、なかなか座り心地がよいので、少しずつ挑戦してみてはいかがですか。ただ、居座り続けると必要以上になでられるので満足したらすぐ去るのがおすすめ。

飼い主さんへ　ひざに乗るのは信頼の証し。どうかその信頼を裏切らないでくださいね。そのままひざの上でくつろがせていただければうれしいです。もしひざの上で粗相をしたり、服を噛んだりしても怒らないでください。そっと立ち去っていただければ、察しますので。

それ、ちょうだい!!

#暮らし　#欲しがる

ちょっと待って！ 人の食べ物は危険がいっぱい!!

はぁ……。なんていいにおいなんでしょう。もっとそばに行ってフンフンしたくなりますね。いやいや、においにつられてはいけません。知っていますか？　飼い主さんたちが食べているものって、わたしたちの体には負担になるものが多いのです。わたしたちはあくまでも草食動物。繊維質の多い植物を食べて生きていく体の構造になっているのですから仕方ありません。……しかし、鼻が利くというのもつらいものですね。目の前で食べるのは、イジワルなのでしょうか？

飼い主さんへ　体に悪いものでも、いいにおいがすれば欲しくなります。食べていいもの、悪いもの、食べる量は、飼い主さんがコントロールしてください。一度でも、人の食べ物をあげてしまうと、その後もずーっと欲しがります。ストレスになるので、最初からあげないで！

追いかけちゃう！

＃暮らし　＃あと追い

追いかける理由をわかりやすく表現しましょう

飼い主さんを追いかけるのは、「大好き！　待って！　遊ぼうよ〜」っていう気持ちのときもあれば、「ちょっと、わたしのプライベートスペースに勝手に入ってこないでよ！　プンプン」というときも。はたまた、飼い主さんと離れるのが不安で仕方がないというときもありますよね。さて、あなたはどれですか？愛情表現なら飼い主さんの歩くスピードに合わせ軽やかなステップで、威嚇なら迫力満点に足ダンも加え、不安なら焦った様子を見せるなど、演じ分けましょう。

飼い主さんへ　うさぎは本来追われる側なので、普通はあまり追いかけません。いちばん問題なのは不安で追いかけるとき。飼い主さんが留守の間に怖い思いをしていることも。不安の理由を取りのぞき、安心させてください。

大好き！

#暮らし　#ぐるぐる回る

「どこにも行かせないぜ！」とぐるぐる回ってアピール

「大好きー！」って気持ちがあふれちゃうときは、思いのまま、飼い主さんのまわりをグルグル回ってアピールあるのみです。でも、メスのうさぎに求愛するときのように、自分の印をつけてしまうと飼い主さんはびっくりしてしまうかもしれません。わたしも以前、飼い主さんにピュッとオシッコをかけてしまったことがあるんです。飼い主さんは怒りこそしませんでしたが、あきらかにテンションが下がり、わたしはケージの中へ……。気持ちのコントロールは難しいですね。

飼い主さんへ

大好きアピールの末のスプレー行為は、どうか大目にみてください。わたしたちうさぎは、求愛行動に関しては必死になる性質でして、ついついやりすぎてしまうんです。興奮をおさえてほしいときは、ケージの中に入れてそっとしておくのがいいかもしれません。

毛づくろいのお返しです

#暮らし　#毛づくろい

うさぎは律儀なのです 受けた恩は返しましょう

飼い主さんにブラッシングしてもらったり、なでてもらったりするのは、とても気持ちがいいですね。でも心地よさにあぐらをかいていてはいけません。うさぎたるもの、受けた恩は返すのが礼儀。ほら、飼い主さんの手が止まってしまいましたよ。もっとしてほしいなら、すかさずペロペロと催促……いえ、お返しをしなくては。少しペロペロとお返しするだけで、何倍にもなって返ってくることが多いので、なかなか割のいいご奉仕ではないでしょうか。

飼い主さんへ 実は触られるのがイヤでなめることも。そんなときは、体がこわばっていたり、悲しい表情をしたりしているので気づいてください。うさぎどうしでなめることもありますが、基本的には仲がよい相手にしかしないし、させない行動。信頼されていると思ってOK。

もう最高……

#暮らし　#ペロペロ

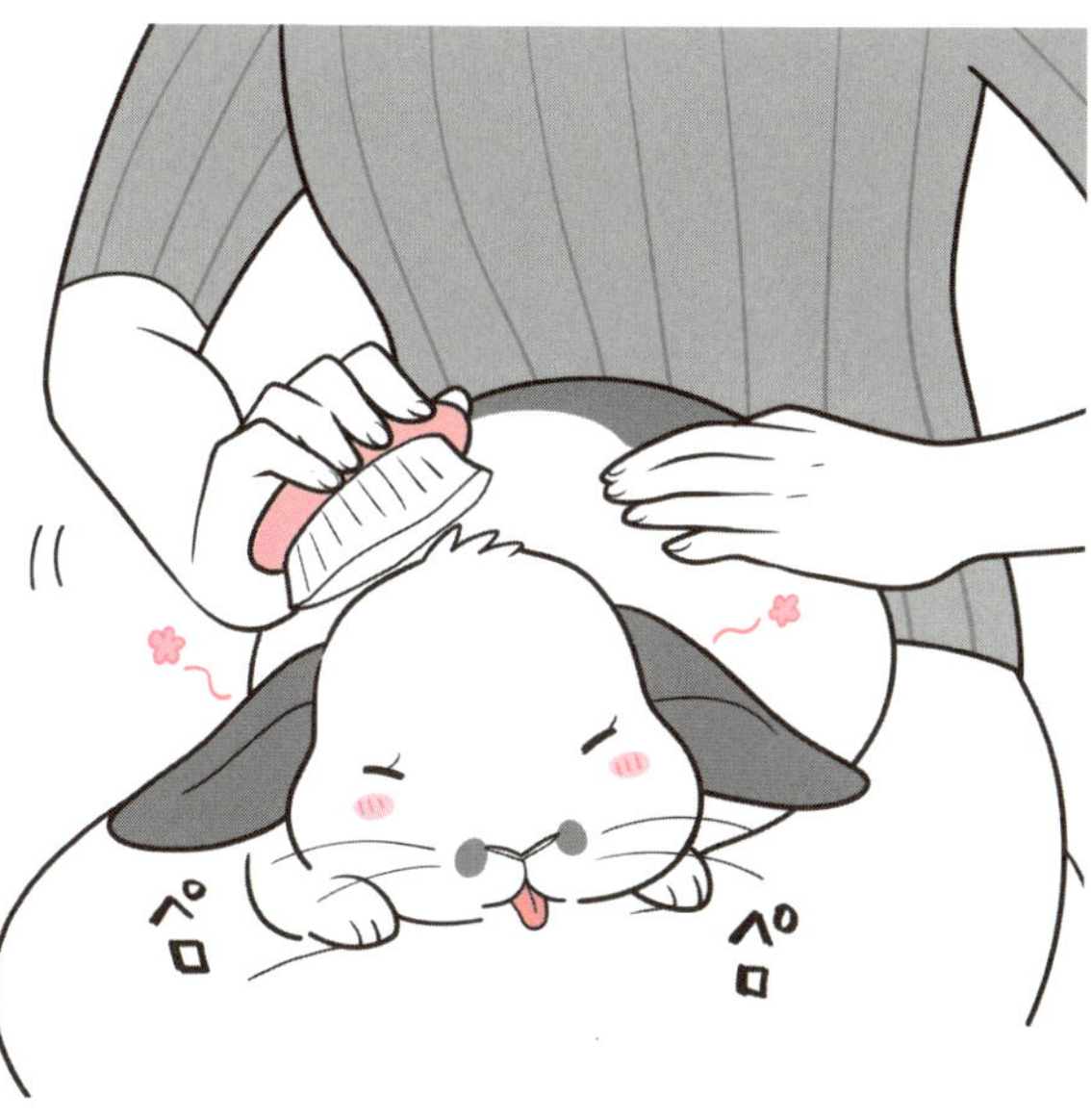

気持ちよすぎると勝手にペロペロしてしまうものです

なでなでがあまりに気持ちいいとき、気づくと自分の足や床をなめていたりしませんか？　大丈夫。それは別に病気でもなんでもありません。うさぎのごく自然な反応です。とはいえ、わたしもなぜペロペロしてしまうのか不思議なんです。自分で毛づくろいしている気分というか、興奮してしまい何かせずにはいられないというか……。わたしの飼い主さんも、それは上手にブラッシングをしてくださるので、しょっちゅう床をなめるはめに。いえ、いいんですけどね。

飼い主さんへ　グルーミングやなでなでの最中、夢中になってペロペロしているときのわたしたちは、興奮状態。我を忘れてペロペロしているので、危険なものをなめてしまう可能性も。特にグルーミングの腕に自信のある方は、事前に周囲の安全チェックをお願いします。

空気読んで！

＃暮らし　＃パンチ

空気を読まない飼い主さんには前足で高速パンチをお見舞いです！

「飼い主さんの愛が強すぎる……」。そんなふうに感じてしまううさぎも多いようですね。かわいがってくれるのはありがたいのですが、スキンシップの許容範囲はうさぎによって異なります。飼い主さんと〝ちょうどいい関係〟を築くためにも、「うっとうしい」と思ったときには正々堂々、高速パンチで抗議しましょう。「ブッー！」と鼻を鳴らしたり、足ダンをプラスしたりするのもいいでしょう。でも、攻撃したからといってすべて思いどおりになるわけではありませんよ。

飼い主さんへ　わたしたちはなわばり意識が強いので、ケージなどに侵入されるのはあまり好みません。また、発情期などには気性も荒くなるので攻撃的になってしまうもの。高速パンチを繰り出すときは、自分の場所を守ろうとこちらも必死なので、ご理解ください。

目の前の飼い主に……❶

#暮らし　#おなかに乗る

おなかの上に乗ってみましょう　なかなか見晴らしがいいですよ

飼い主さんが目の前にごろんと横たわっていて、どうしていいか戸惑っているのですね。飼い主さんは踏みつけても大丈夫な方でしょうか？「踏んでも大丈夫！」と自信があるようでしたら、ぜひ飛び乗ってみましょう。そのまま踏みつけて通りすぎるだけというのもオツなものですが、わたしは飼い主さんの上でしばし遊ぶのも楽しいかと。いつもとは違った風景が見えてなかなか新鮮ですよ。乱暴なことをしなければ、遊んでいるだけと許してくれるはず。

飼い主さんへ　飼い主さんの上に乗ったからといって、必ずしも「わたしが上の立場」とアピールしているわけではありません。わたしたちもちょっと遊んでみたいだけ。むしろ、飼い主さんの上に乗るのは信頼しているからなのですよ。

目の前の飼い主に……2

#暮らし　#添い寝

そっとくっついてみると眠たくなってしまうから不思議です

上を横切ろうが、飛び跳ねようが、飼い主さんがまったく起き上がらないときってありますよね。まぁ、飼い主さんは寝ているだけなんですけどね。いつもと違う様子が気になってそばに行くと、あら不思議、こちらまでウトウトしてくるではありませんか。これっていったいどんな魔法なんでしょうか。人間とのお付き合いが長いわたしでもわかりかねます。でも、飼い主さんの横で寝るのはとっても安心。クセになってついつい、添い寝しちゃいます。

飼い主さんへ　飼い主さんが気づかないうちに、わたしたちは隣で寝ていることがあります。寝がえりにはくれぐれも気をつけてくださいね。うさぎは敵から素早く逃げられるよう、骨がとっても軽くできているんです。簡単に骨折してしまうのですよ。

どこへ連れていく気……!?

#暮らし　#外出

どんなに怖くても行かなければならないときがある

わたしたちは100～200メートルの範囲で生きてきた動物。だって、なわばりの外にはどんな敵がいるかわかりませんから。そう、なわばり（家）の外は怖いのです！　飼い主さんがたまに「思いっきり遊ばせたい」と外に連れ出そうとしますが、正直、わたしたちにとっては余計なお世話。でも、人と暮らしていると、外に出なくてはいけないこともあります。そのときは、キャリーバッグの中は安全と覚えておきましょう。あと、飼い主さんが笑顔なら安心です。たぶん。

飼い主さんへ　外出が苦手でも、怖くないとわかればお泊まりだってできるようになります。だから少しずつ慣らしていってほしいのです。まずはキャリーバッグの中でおやつをあげたりして、慣らしてください。あと、飼い主さんがいつもと違う様子だと不安は倍増します。

序列つけましゅ

#暮らし　#マウンティング

リーダーになろうとするとつらいですよ

飼い主さんの手や足をつかまえて腰をカクカク……。飼い主さんが好きすぎて、つい興奮スイッチが入ってしまったのですよね。わかります。思春期を迎えればオスのみならずメスだってマウンティングしてしまうことも。でも、マウンティングを続けていると、自分がリーダーになった気持ちになりませんか？　人間の世界では、わたしたちがリーダーになることはありません。リーダーになりたいのに思うようにできない、そんなジレンマがあなたを苦しめてしまいますよ。

飼い主さんへ　マウンティングは生殖行動ですが、自分の優位性を示す行動でもあります。マウンティングを受け入れられると、自分が上だと勘違いしてしまいます。仕掛けているほうからお願いするのもなんですが、しもべになるつもりがないなら、うまくかわしてください。

Column

去勢&避妊って……？

これは、うさぎさんたちは知らないほうがよい話なのかもしれません。

うさぎは繁殖力が強い動物なので、繁殖をしないままでいると、特にメスは年をとってから子宮や生殖器系の病気になってしまいます。オスであっても生殖器の病気の心配があるため、避妊去勢手術に踏み切る飼い主さんは多いようです。一般の家庭で繁殖をさせることはまずないため、生殖本能はあるものの、一生交尾をせずに終わるうさぎが多くいます。

我々うさぎにとって、避妊去勢手術をせずに「あるがまま」がよいのか、病気のリスクをなくすほうをとるのか……どっちがよいのか、うさぎの飼い主さんはこの問題で悩みます。いろいろな考え方があり、それぞれ飼い主さんが選択するしかなく、我々はそれを受け入れるしかないようです。

具合が悪いです……

#暮らし　#歯ぎしり

大きな歯ぎしりはSOSサイン！すぐに動物病院へ行きましょう

ムムッ！　どこからか聞こえる、ゴリゴリ、ギリギリという大きな歯ぎしりの音。これはまさしく、うさぎが痛みを我慢しているときに出す音。いったいどこから……。あ！　カーテンの陰に隠れていたのですね。そんなところに身を隠すようにうずくまっているなんて、かなり具合が悪いと見ました。身を守る本能から隠れたくなる気持ちはわかりますが、こんなときは飼い主さんに頼るのがいちばんなんですよ。飼い主さーん、早く来てくださーい！

飼い主さんへ　弱った姿を見せたら最後、食べられてしまう……。そんな弱肉強食の世界で生きてきたわたしたちは、具合が悪いときは身を隠します。部屋のすみや物陰でジッとしているときは、不調のサイン。食事量や排せつ物をチェックして動物病院へすぐ行ってください。

病院、きらい！

＃暮らし　＃病院

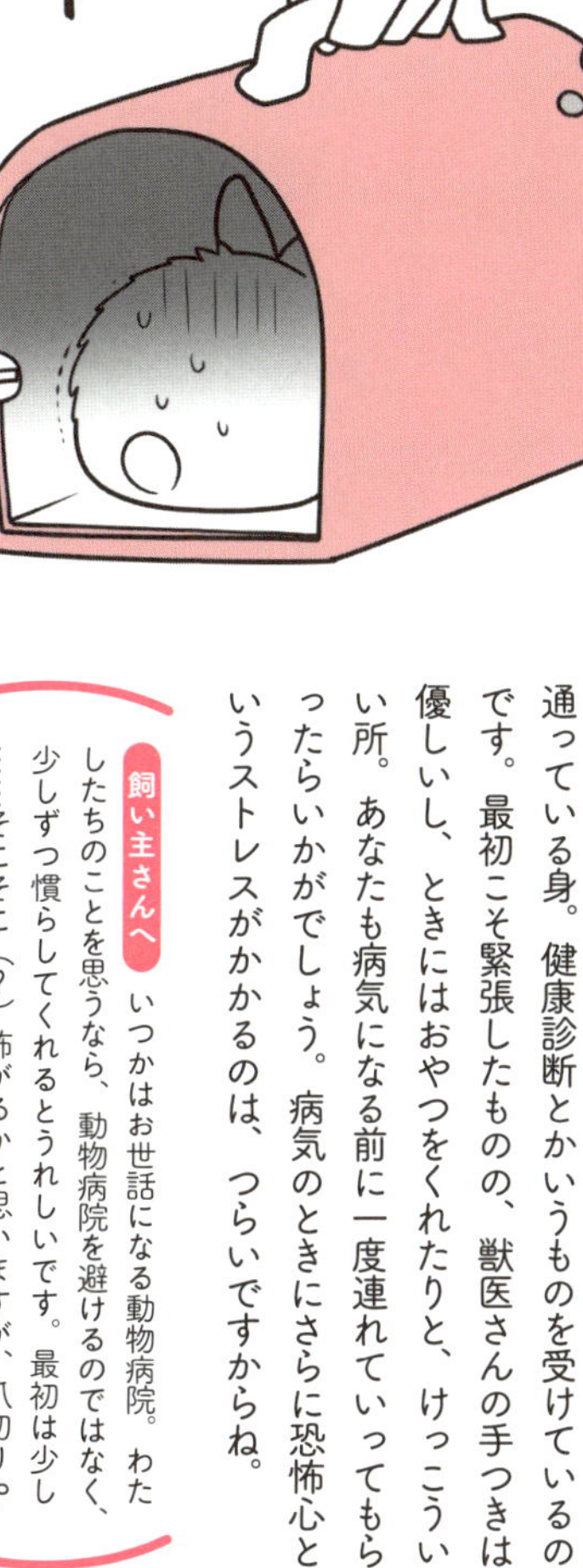

病院、行ってみたら意外といい所でしたよ

外出するのも怖いのに、動物病院なんて……と思うかもしれませんが、そんなに怖がる必要はありませんよ。何を隠そう、わたしは年に2〜3回は動物病院へ通っている身。健康診断とかいうものを受けているのです。最初こそ緊張したものの、獣医さんの手つきは優しいし、ときにはおやつをくれたりと、けっこういい所。あなたも病気になる前に一度連れていってもらったらいかがでしょう。病気のときにさらに恐怖心というストレスがかかるのは、つらいですからね。

飼い主さんへ　いつかはお世話になる動物病院。わたしたちのことを思うなら、動物病院を避けるのではなく、少しずつ慣らしてくれるとうれしいです。最初は少し……そこそこ（？）怖がるかと思いますが、爪切りや健康診断などで慣らしていけば、ストレスも少ないかも。

仰向けにされると気が遠く……

＃暮らし　＃仰向け

仰向け……うさぎには不自然な姿勢です

仰向けにされると気が遠くなってしまうのは、あまりにも不自然な姿勢に脳がビックリして気絶したような状態になってしまうから。そう、仰向けはわたしたちにとってそれほど違和感のある状態なんです。だって見てください。わたしたちの背中の美しいカーブ。うさぎの背骨は人間のようにまっすぐではなくカーブしているのです。それを無理やりまっすぐにされてしまうなんて、骨への負担はおろか、内臓にも普段かからない圧がかかって、頭も体もパニック状態です。

飼い主さんへ 爪切りや動物病院での診察の際、仰向けになる必要があることは承知です。必要最低限は我慢しますので、どうか遊びで仰向けにするのだけはやめてください。そして、イヤがっているときに無理やり仰向けにするのも、骨折しかねませんのでやめてください。

え⁉ ひとりでお留守番……？

＃暮らし　＃留守番

うさぎを家に残しての外泊はやめていただきたいものです

家に残されてしまった、そこのうさぎさん。もしかしたら1泊2日くらいのお留守番ならできるかも……なんて、思っていませんか？　お留守番を甘く見てはいけませんよ。もちろん、飼い主さんがいなくて寂しすぎて死ぬ……なんてことはありませんが、何か予想外の事故が起きて命が危険にさらされることは十分あります。例えば、停電で空調管理ができなくなってしまったら？　水をひっくり返して体にかかってしまったら？　ほんの些細なことが命取りになるのです。

飼い主さんへ　わたしたちは何かトラブルがあっても自分で対処できません。水をこぼしてしまったら自分で入れられないのですから、脱水症状を起こすことだってありえます。お留守番が必要なら、家族やペットシッターさんに来てもらうなどの配慮をお願いします。

あんたとも、長い付き合いだね

#暮らし　#高齢

いつからシニアかは個体差があり、サインで気づいてもらいましょう

「遊びたいけど、最近すぐ疲れちゃう」「もう少しやわらかい食べ物がほしいんだけど」。個体差はあれど、だいたい5〜7歳をすぎたうさぎさんから、よくそんなお悩みを聞きます。わたしたち、いつまでも小さくて愛らしいので、飼い主さんはわたしたちがシニア期に突入していることに気づかないことがあるんですよね。かわいいのも罪です。動きがにぶくなったり、足腰が弱くなって食糞しづらくなったりと、いろいろサインは出しているので、気づいていただきたいものです。

飼い主さんへ　わたしたちが楽しい老後生活を送るには、飼い主さんの手助けが必要です。食の好みが変わる、食糞がしづらくなりおしりが汚れる、毛づくろいの頻度が減るなど老化のサインが表れたら、環境を整えたり、お手入れのお手伝いをしたりしてくれるとうれしいです。

Column

うさぎは群れで暮らすので……

犬の祖先であるオオカミでは、リーダーが決まっていて、リーダーの言うことに従うのだとか。だから、犬は飼い主さんの言うことを聞くことができるのだとか？（最近は、犬と人の関係も変わってきていて、フレンドリーな付き合い方が流行（はや）っているようですが）

野生では、我々アナウサギも集団生活をします。うさぎの群れは、だいたい5〜12匹くらいで、おとなのオスは1匹だけで、これがボス。グループが大きくなるとメスの比率が高くなります。その中での序列は、繁殖をめぐる「優位」「劣位」くらいで、リーダーが群れをまとめるとかはありません。そのため、飼い主さんの言うことを聞くということはありませんが、集団生活を守ろうというゆる〜い気持ちはあります。だから、人間を集団の仲間だと認めて一緒にいることができるし、コミュニケーションもとろうとするのです。これ、同じうさぎの仲間のノウサギ（175ページ）ではありえないことなんですよ！

ひとやすみ

コミュニケーション

飼い主あるある

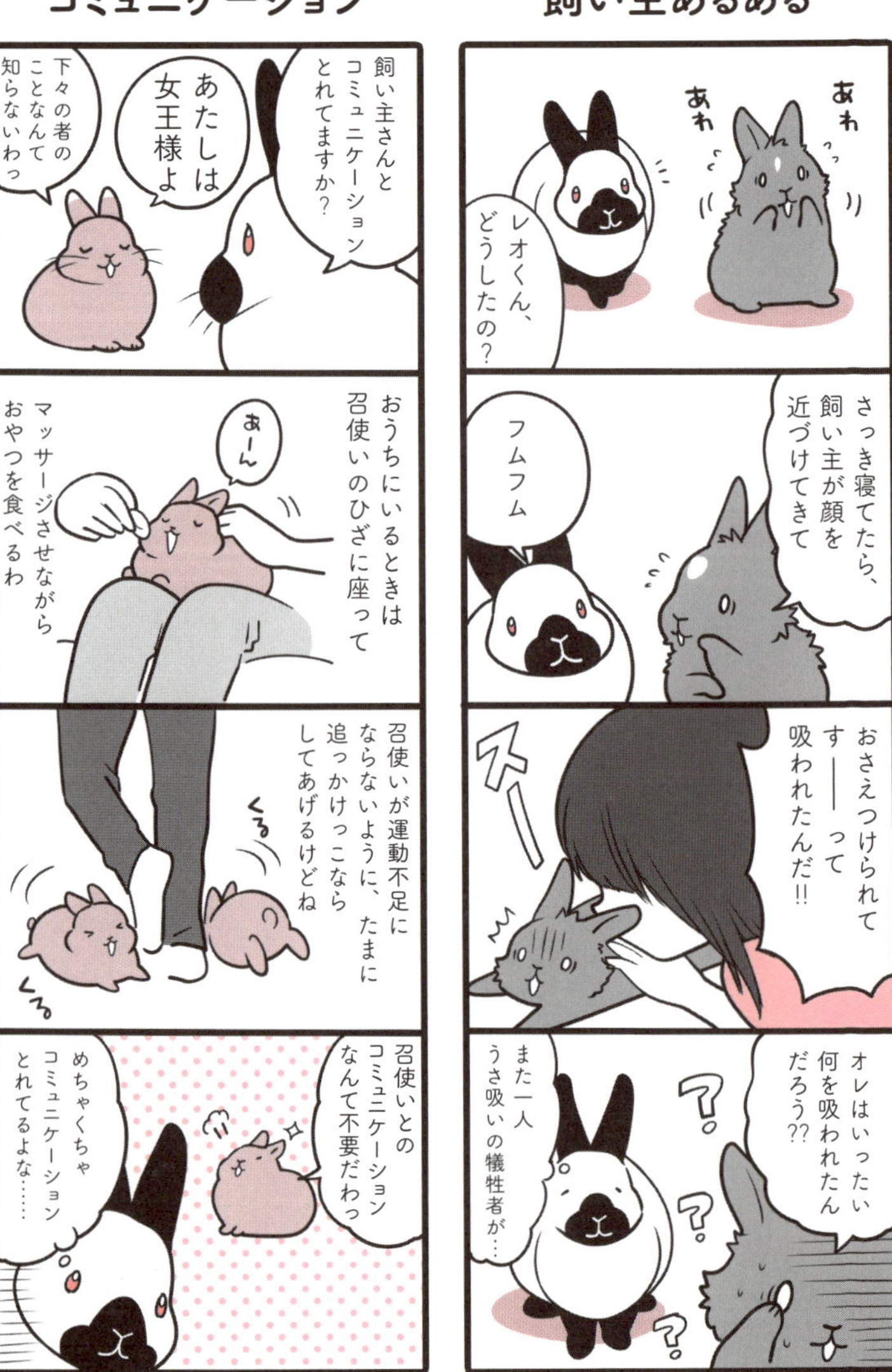

5章 体のヒミツ

体のヒミツをしっかり学んで、
充実した〝兎生〟を送りましょう！

目の前に出されても見えません

#体　#視界

「目と鼻の先」……って、そこはわたしたちの死角です

近くで食べ物のにおいはすれど、姿が見えず……。そんな経験、うさぎならだれでもあるのでは？　わたしたちの目は顔の真横についているので、片目で見える範囲は約190度。驚異の視野を誇るわけですが、実はちょうど鼻先にあたる真正面は死角で見えていないのですよ。でも、そもそも視力もそんなによくないので、目よりも鼻や耳に頼れば大丈夫。いいにおいがするときはたいてい飼い主さんがわたしたちの鼻先に食べ物を近づけているとき。パクッといってみては？

飼い主さんへ　オモチャに反応しないからといって、「興味がない」とは心外です。視野360度、光の感度は人の8倍もあるうさぎの目ですが、立体的に見えるのは左右の視野が重なる範囲のみ。「赤」という色もわからないので、ただ気づいていない可能性もあるのです。

聞こえてま～す

#体　#聴力

長耳アンテナ、作動中！大きな音にはお気をつけください

え？　テレビの音がうるさくて困る？　それは仕方ありません。人間の耳って本当に鈍いみたいなんです。知っていますか？　人間にはフクロウが出す超音波が聞こえないそうですよ。しかも、耳も動かない。野生では生きていけませんね。それに比べ、わたしたちの耳は音のするほうに動かすことで、360度、どの方向からの音源も察知できます。聴覚は人間のおよそ10～20倍ともいわれます。わたしたちの耳って本当に高性能にできているのですね。

飼い主さんへ　わたしたちが耳をピンと立てているときは、警戒してまわりの音を聞いているときです。耳が寝ているときは安心、もしくは元気がないとき。気持ちを読み取ってくださいね。あと、おやつの袋を開ける音もちゃんと聞き分けていますので。

耳がたまに邪魔です

＃体　＃ロップの耳

垂れ耳ならではのお悩みもあるのですね

「耳が邪魔だ」とおっしゃるあなた、さては、ロップイヤーの品種ですね。つい最近まで耳が立っていたので気づきませんでした？　垂れてきたのは成長の証しです。耳が邪魔で後ろが見えず、イラッとしてしまうのですね。大丈夫。そのうち慣れますよ。耳も少し聞こえにくくなるかもしれませんが、あなたは人に飼われることを前提として生まれているので、鋭い聴覚や広い視野はそれほど重要ではないはず。といっても、人の聴覚よりは断然いいので自信をもって！

飼い主さんへ　ロップイヤーのうさぎは、内耳（ないじ）が蒸れやすく細菌が繁殖しやすいので、お手入れやチェックをこまめにお願いします。また、自分の爪で耳を傷つけてしまうこともあるので、小さいころから爪切りもしっかり行ってください。

ヒゲは何のためにあるの？

＃体　＃ヒゲ

おもに口元にあるものを確認するためにあるのですよ

「かわいいわたしにヒゲは不要！」なんて言わないで。うさぎはみな、知らないうちにヒゲのお世話になっているのです。狭い場所を通るとき、ヒゲで幅を計っていませんか？　実はヒゲって体の幅と同じくらいの長さなのです。口元のヒゲで食べ物を確認したりしますよね。ヒゲは視力の弱いわたしたちにとって、なくてはならないものなのです。それに、抜けたヒゲを大事に保管する飼い主さんもいることから考えると、わたしたちはヒゲまでかわいいみたいなので、安心して！

飼い主さんへ　口の上のヒゲは特に敏感なので、乱暴に触らないでくださいね。あと、何やら抜けヒゲをお守りに……と大切にしている方もいるようですが、ヒゲは普通に生えかわるものです。抜けヒゲは、御利益もなければ、そんなに珍しいものでもありませんよ。

鼻の動きが止まります

＃体　＃鼻の動き（鼻ピク）

起きているときはピクピクし寝ているときは止まるのが普通です

うさぎのみなさん、気づいていましたか？　わたしたちがにおいを嗅(か)ぐときは鼻がピクピク動いています。なんと1分間で120回動くこともあるとか。そんな高速で動くときは、まわりの様子を探るため、においを懸命に嗅ぎ分けているときですね。リラックスしているときや調子が悪いときはもっとゆっくり、寝ているときはほぼ止まっています。はい、そこ、「かっこ悪……」とショックを受けない！　この動きが「かわいい」と飼い主さんたちには人気なのですよ。

飼い主さんへ　うさぎの嗅覚は優れており、例えば、どの位置に仲間がいて、敵がいるのかも嗅ぎ分けることができます。だから人にとっていい香りでも、わたしたちには刺激が強いことも。香水や肉を焼くにおい、犬のにおいなど、苦手なにおいは個々で異なりますが。

Column

鼻でフェロモンを感知します

右ページのように鼻が動くことを「鼻ピク」とよびますが、欧米では「鼻でウインクする」なんてステキな言い方もあるようです。

とにかく我々は、起きている間じゅう鼻をピクピク動かし、においで情報を得ているのです。敵のにおいや、ごはんのにおいももちろん確認しますが、恋の相手のにおいも逃してはなりません。交尾の相手はフェロモンを嗅ぐことで見つけ、繁殖期もにおいで知ります。

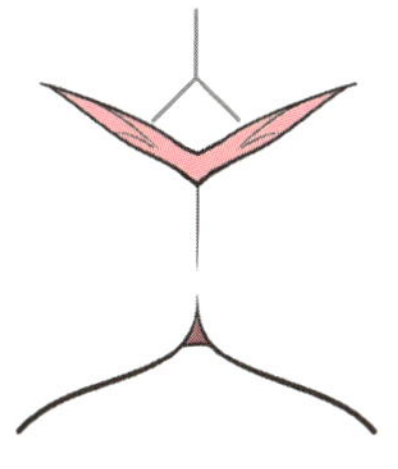

うさぎの鼻は、上唇の割れ目と合わせて正面から見るとYの字になっていて目立ちます。そのYの字のつなぎ目部分に、プクッと膨らんだ部分が見えます。これはうさぎがフェロモンを感知する器官である「鋤鼻器（じょびき）」の入り口です。ほかの動物だと、例えば猫であれば口の裏などに隠れているこの器官が、うさぎは丸見え。そんなところからも、うさぎが繁殖力に優れているということがわかります。

ちなみに、人間のおとなにはこの「鋤鼻器」がないそうで、どうやって恋の相手を見つけるんですかね？

前歯だけなぜか二重に……

#体　#歯

強靭（きょうじん）な前歯は何でも噛み切るパワフルカッターです

うさぎの前歯（切歯（せっし））は、前から見ると上に2本、下に2本生えているように見えますが、実は上あごの前歯の裏側にはもう2本の歯が隠れています。つまり、上の前歯が二重になっているということ。前の切歯と後ろの切歯の間に、下の切歯が入るのが通常の噛み合わせで、この構造だからこそ何でも噛み切ることができるのです。野生では穴掘りの際に出てくる木の根や小枝を切るのに最適でした。こんな優れた前歯はうさぎしか持っていないものなのですよ！

飼い主さんへ　わたしたちの歯は、切歯と臼歯（きゅうし）を合わせて28本。人間と同じように乳歯から永久歯へと生えかわりますが、切歯はお母さんのおなかの中にいる間に抜け、臼歯も生後1か月くらいで抜け落ちます。なので、それ以降、歯が抜けたら異常事態だと思ってください。

歯が伸び続けて困ります

#体　#歯

歯は伸び続けるものですが通常は自然に削れます

わたしたちの歯は、どの歯も一生伸び続けますが、普通なら食事をしたり物をかじったりすることで、自然に削れていきます。もし「ちょっと伸びすぎじゃね?」と感じているようなら、それは歯が正しく削れていない証拠。なんらかの原因で噛み合わせがずれてしまっているのでしょう。歯が伸び続けると食事がうまくできなくなるばかりか、口内を傷つけることもあります。動物病院で、定期的に削ってもらう必要があります。

飼い主さんへ　歯の噛み合わせがずれて、歯が伸びすぎるのは「不正咬合」という病気です。原因は、遺伝、ケージの柵などをかじったこと、落下事故など。早いうちなら矯正で噛み合わせがなおることもあるので、子うさぎを迎えたら病院で歯を診てもらいましょう。

感覚使って生きてます

#体　#感覚

警戒心の強さは我々の才能です

少しの物音や気配に反応したり、目を開けたまま眠ったりするわたしたちを、飼い主さんは「臆病だな」なんて言いますが、とんでもない！　わたしたちは広い視野、遠くの音まで察知できる聴覚、敵味方を嗅ぎ分ける嗅覚、あらゆる感覚を駆使して生き抜いてきたのです。敵の気配を素早く察知し、敵のいない場所へ移動。戦うよりずっと合理的ではありませんか。警戒心の強さは才能なんですよ。でも、最近は自慢の耳も縮小傾向にあるとか。ペット暮らしも良しあしですね。

飼い主さんへ　自慢の感覚器とはいえ、必要以上に警戒しないといけないのはやはり疲れます。ここが「安心できる場所」とわかれば、警戒心もうすれるので、怖がらせることはせずに、安心感を与えていただけたらペット冥利(みょうり)につきます。

足筋がすごい

#体　#足

三十六計逃げるにしかず！自慢の脚力は逃げるため〜

まるっこく愛らしい見た目に気をとられ、飼い主さんたちは気づいていないかもしれませんが、見てくださいこの美脚！　筋肉隆々の後ろ足は、敵から素早く逃げるために発達したもの。前足だって、だてに短いわけではありません。巣穴が掘りやすいよう、短くしっかりしたつくりになっているのです。走ってよし、掘ってよしの自慢の足なのですよ。

ただし、逃げるために骨は軽くもろいため、自慢の足筋で高所に飛び乗り落ちて骨折……はよく聞きます。

飼い主さんへ　素晴らしい足筋をもつわたしたちが本気で走れば、時速40〜70キロは出ます。といっても、野生で天敵に追いかけられたときとか、命懸けの逃走時の話ですが。でも外で放したら、ピューンと走って迷子になることもあるので、ご注意ください。

食べ物が腸を二度通る

#体　#盲腸糞

一草で二度おいしい独特の消化システムなのです

わたしたちの体の中は、心臓や肺より消化管が占める割合が多いとか。しかもこの消化管、とても優秀なんです。口から食べたものは消化吸収されながら小腸へいき、大きな繊維は便になりますが、それとは別に盲腸内で分解、発酵し、栄養満点の塊をつくり出すんです。人はそれを「盲腸糞（もうちょうふん）」とよびます。わたしたちからすれば、サプリメントがおしりから出てきたも同然。それを再び食べることで、植物の栄養を余すところなくいただいているというわけです。

飼い主さんへ　自分のウンチを食べることを「食糞」というそうですね。でも、わたしたちが食べているのは糞ではなく、栄養たっぷりのサプリメントです。汚いなんて失礼。必要な栄養をとっているだけですので。……たまに普通の便も食べてしまいますけど。

消化システムに異常あり

＃体　＃ウンチ

ウンチの異常は体の異常！

うさぎのウンチは直径1センチくらいで、丸くコロコロして硬いのが普通です。それが、大きさにばらつきがあったり、小さかったり、形や量がいつもと違うときは、消化管に何か問題がある証拠。飼い主さんに動物病院に連れていってもらいましょう。とはいえ、わたしたちのポーカーフェイスではなかなか体調不良を表現できませんよね。弱みを見せたくない（見せたら危険！）という本能もあります。ウンチを見えやすいところに置き、気づいてくれるのを待ちましょう。

飼い主さんへ　ウンチは健康のバロメーター。チェックは毎日行ってください。ちなみに、盲腸糞はブドウの房のような形をしていますが、おしりから直接いただくので飼い主さんが見ることは少ないはず。盲腸糞が落ちていたら肛門に口が届かないなどの問題があるのかも。

抜けます……

＃体　＃換毛

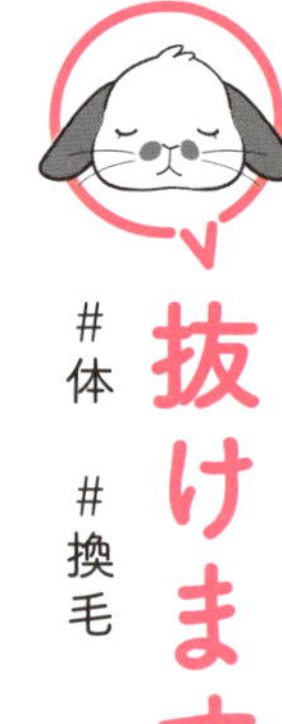

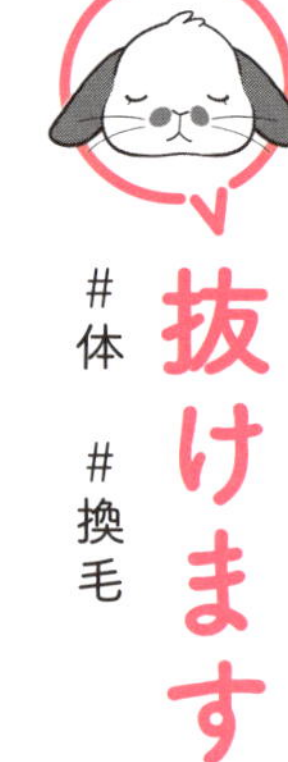

春と秋は衣替えの時期ですから

わたしたちの被毛は、夏には涼しい夏毛に、冬にはモフモフの冬毛になります。通常なら春と秋のはじめが換毛期で、1か月くらいかけ頭からおしりへと生えかわっていきます。でも、寒暖差が少ない室内飼いの場合、換毛のペースはまちまちのようですね。一気に抜ける場合もあれば、一年じゅうダラダラと抜けることもあるそうです。わたしも昔は見事な抜けっぷりでしたが、最近は新陳代謝が落ちてきたせいでしょうか、抜けかわりがゆっくりで全身がむっちりして見えます。

飼い主さんへ 毛の抜け方には個体差がありますが、若いときは特にごっそり抜けることもあるので、驚かないでくださいね。毛が抜けた場所、抜けていない場所が相まって、ミステリーサークルのような模様ができることも。抜け毛アートをお楽しみください。

のみ込んじゃう

#体　#毛

毛をのみ込みすぎるとアウト！ブラッシングしてもらいましょう

毛づくろいをすると、一緒に毛をのみ込んでしまいますよね。通常ならのみ込んでもウンチと一緒に排出されますが、換毛期は抜ける量が半端ではないので、おなかに毛球ができて腸が詰まってしまう可能性も。また、胃腸の働きが低下しているときも危険です。換毛期はもちろんですが、いつ胃腸が弱っているかなんてなかなか自分でも把握できないので、普段から飼い主さんのブラッシングをおとなしく受けておくほうがいいでしょう。

飼い主さんへ ブラッシングは小さいころからこまめに行い、慣らしてください。それから、胃腸の働きを促すには食物繊維が大切。牧草をいつでも食べられるようにしていただけると助かります。毛球を排出するサプリメントもあるとか。試してみてもいいかもしれませんね。

においつけます！

＃体　＃臭腺

何度でもにおいをつけて自分の場所だと主張しましょう！

自分のにおいに包まれると安心しますよね。特にわたしたちは、一度外に出れば天敵に狙われる弱者。くつろげる居場所は、ほかのうさぎに荒らされないようマーキングしなくては。なのに、飼い主さんときたら、においをつけてもすぐ雑巾とスプレーでフキフキ……。何度においつけをやり直せばいいのでしょうか。仕方がありません、今日もにおいつけに励みましょう。オシッコでマーキングするとより念入りにニオイを消されるので、あごの下をスリスリするのがいいですよ。

飼い主さんへ　家具や飼い主さんにあごの下をこすりつけているのは、あごがかゆいわけでも、甘えているわけでもありません。わたしたちの下あごには臭腺があり、ここをこすりつけることで自分のにおいをつけているのです。「わたしのものよ」というアピールです。

Column

臭腺でにおいつけ♪

うさぎは、においで何でも情報を得ます。そして、なわばり意識が強い動物なので、自分のものには自分のにおいをつけたがります。その自分のにおいつきの分泌物が出てくるところが「臭腺」。主な臭腺には、下あごのもの（おとがい腺）と鼠径腺（それぞれ下図）があり、肛門にある臭腺ではウンチににおいをつけています。

おとがい腺

下あごにある臭腺。においをつけたいものに、あごをこすりつけてマーキングをします（右ページ）。メスは自分の子どもにマーキングをすることで、同じ群れのおとなに追い払われないようにします。

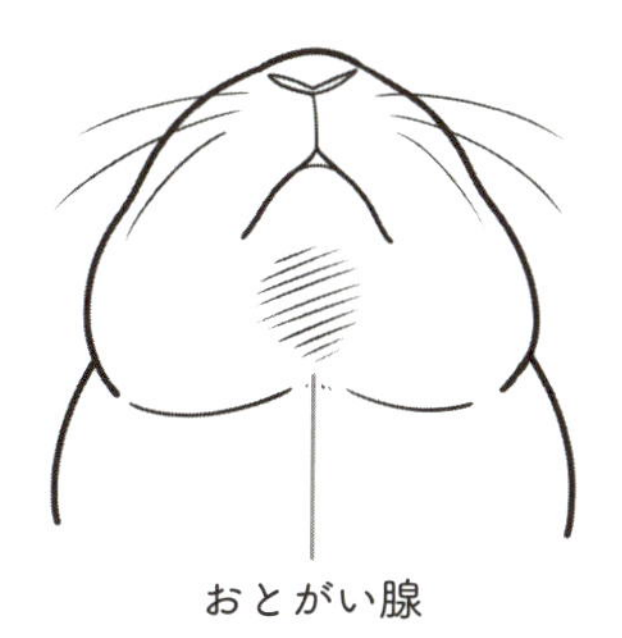

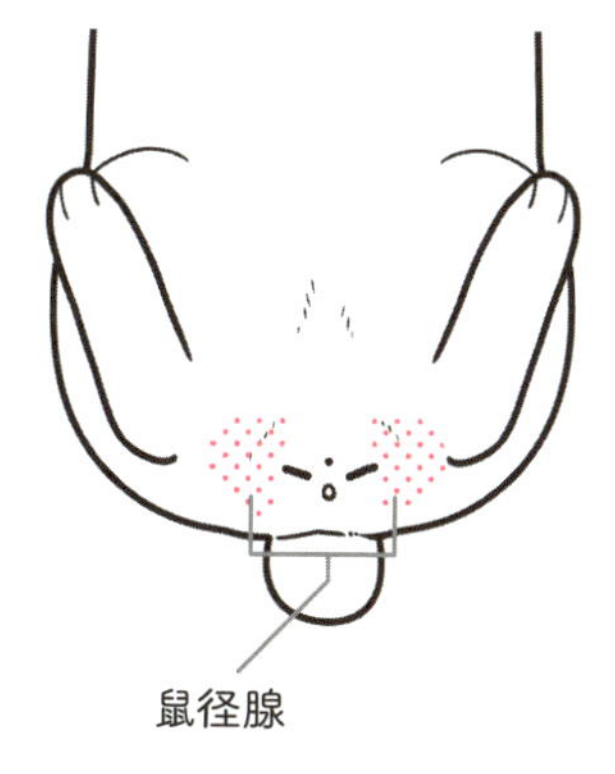

鼠径腺

外陰部の脇にある臭腺。分泌物で詰まることがあるので、自分でグルーミングをするか、飼い主さんのチェックをときどき受けて、詰まりを取りのぞいてもらいましょう。

#体 #性別 ♂♀どっちでしょう

ときがたてば違いははっきりしてきますよ

おや？ クイズですか？ オスとメスの違い、それはズバリ、睾丸（こうがん）のあるなしで判断できますが、まだお子さまだとわかりませんね。性成熟する生後4か月くらいになると、オスは睾丸が下降し目立つようになるので、飼い主さんにはそこで答え合わせしてもらいましょうか。ちなみに、メスはあごの下の肉垂（にくすい）が発達しマフマフしてきます。性格的にはオスはやんちゃで甘えん坊、メスはおとなしいなどと言われますが、それは個々によるのでわたしからはなんとも……。

飼い主さんへ 性成熟による変化は行動にも表れます。オスはなわばり意識が強くなり、マウンティングやマーキング行動が多くなります。メスは偽妊娠（90ページ）を起こすことも。偽妊娠では巣作りをするために自分の毛をむしったりするので、様子に注意してください。

Column

♂と♀で違うこと

「メス（オス）だと思ってた子うさぎがオス（メス）だった」というのは、うさぎ飼いの間では“あるある”のようです。メス（オス）だと思ってつけた名前で、その後もよばれ続けるオス（メス）もよくいます。生まれたばかりのうさぎは、そのくらいオスメスの見分けが難しいようです。成長して生殖器が発達してくれば、下図のように一目瞭然。

生殖器以外では、メスは、性成熟をするとあごの下に、通称「マフ」や「マフマフ」とよばれる肉垂が現れます（164ページ）。オスはなわばり意識が強く、スプレー行為などが見られますが、個体差がありまったくスプレーをしないオスも結構います。

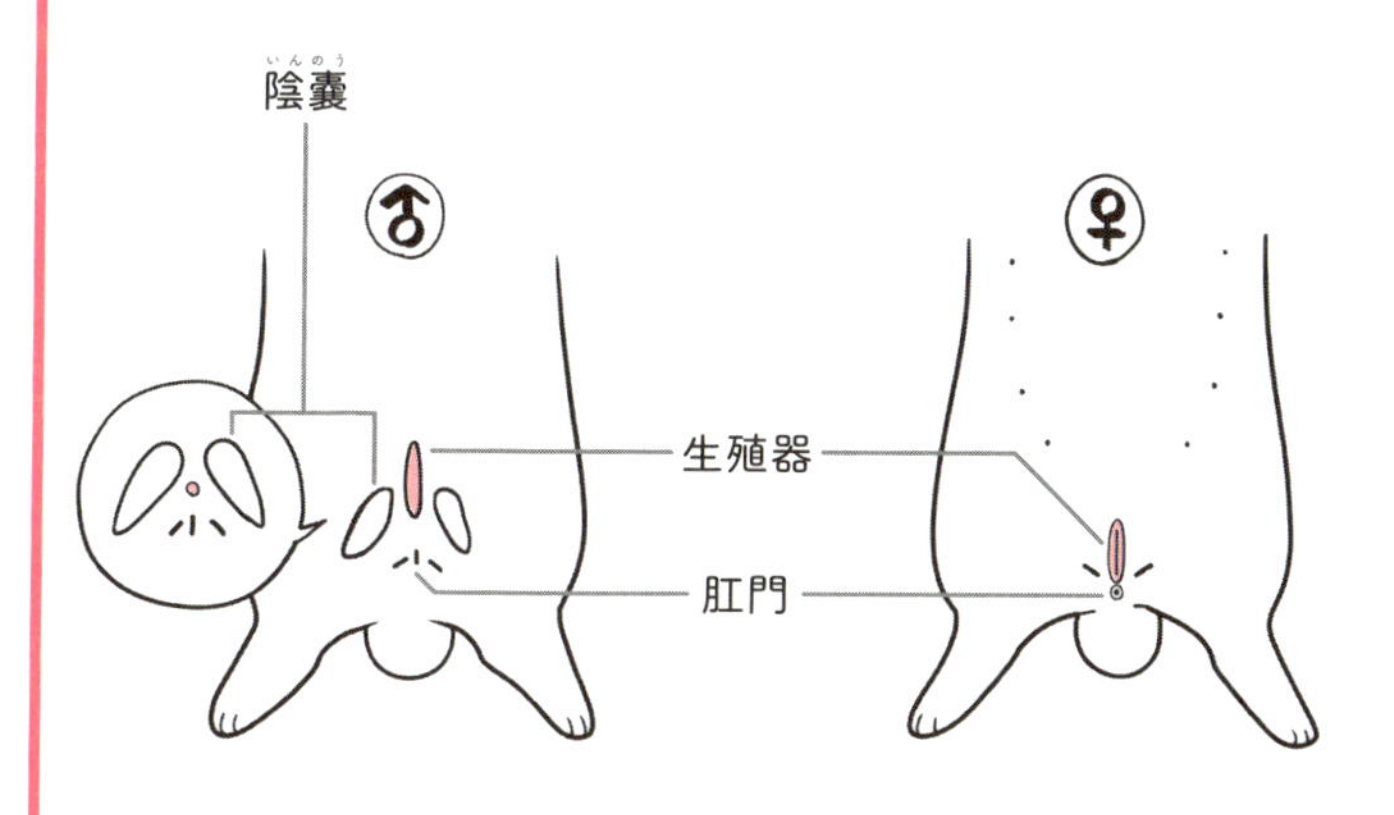

オス

性成熟をすると、陰嚢が目立つようになります。陰嚢には毛が生えていません。

メス

外陰部が縦に割れた形をしています。尿道口と膣口はひとつになっています。

えりまきじゃないのよ

#体　#マフマフ

メスにしかない大切なエネルギー源ですよね

立派な肉垂をおもちですね。え？　そのよび名は好きじゃない？　では、飼い主さんたちのように「マフマフ」とおよびしましょう。その肉垂……いえ、マフマフはおとなになったメスにしか現れないのですよね。冬の間や出産時のエネルギー源としての役割があるとか。一説では、巣作りするときに首回りの毛をむしりやすいように発達したという説もあるそうですね。どちらにしてもメスの神秘です。オスにマフマフができたとしたら……それはただの肥満ですからね。

飼い主さんへ　マフマフは見ていてとてもかわいいものですが、立派であればあるほど蒸れやすいという難点が……。皮膚炎を起こしていないか、よく見てあげてください。また、毛づくろいや食糞がしづらいこともあるので、上手にサポートしてあげてください。

やっちまった……

＃体　＃ケガ

「注意1秒、ケガ一生」です

野生では、さまざまな敵の気配に注意を払って生きてきたわたしたち。家の中ではケガに注意を払わなくてはいけません。ここは広い野山とは違い、不意に段差があったり、壁があったり、じゅうたんという爪を引っかけるトラップがある場所です。ついはしゃいで、転落や激突をして骨折してしまう先輩を何匹見てきたことか。ほかにも、牧草で目を傷つけたり、電気コードをかじって感電したり……。あれ？　もしかして家の中って野山よりも危険かも？

飼い主さんへ　逃げるために骨が軽くもろくできているわたしたち。ちょっとしたことで骨折やねんざ、脱臼をします。じゅうたんも危険ですが、ツルツルのフローリングもすべったり、足が開く「開張肢」になったりするおそれが。お部屋は危険がないよう頼みます！

病気ってなあに？

＃体　＃病気

病気はだれでもなるもの　心配するより今できることを

年をとるとだれでもいろんな病気にかかりやすくなり、体が痛くなったり、だるくなったりするものです。そんなときは動物病院へ行くのですが、どうせ診てもらうなら、うさぎに詳しい先生がいいですよね。元気なうちから健康診断などを利用して信用できる先生を探しましょう。……というのは、飼い主さんに任せるとして、わたしたちは触られることに慣れなくてはいけませんね。触られるのを怖がっていたのでは、治療どころではありませんから。

飼い主さんへ

病気の治療は早期発見が大事だと聞きました。わたしたちがかかりやすい病気を知っていれば、異変にすぐ気づいてもらえますよね。勉強、よろしくお願いします。あと、健康なときの状態を知らないと変化に気づけません。毎日の健康チェックもよろしくです！

健康診断でわかること

もし、体調が悪く「なんか……変」と感じたとき、あなたならどうしますか？　ハイハイ、わかりますよ、そのキモチ。絶対に、だれにもわからないように、フツーを装ってしまいますよね？野生時代はそれが正解でした。なぜなら、少しでも具合が悪いことを悟られたら、敵に狙われてしまうからです。ときは変わり、人に飼われるようになってからも、そうして具合の悪さを隠してしまう傾向がわたしたちうさぎにはあります。

そんなふうにうさぎの具合がわかりづらいせいで、飼い主さんは、用もないのに（本当はあるのですが）病院へうさぎを連れていき、「健康診断」を受けさせようとします。血を抜かれて調べられたり、X線やCTというなぞの機械で見られたり……。たまったものではありませんが、それで隠している病気がわかるそうなのです。そうして「健康診断」を受けた結果、病気が軽いうちに見つかって、そんなに大変な思いをせずに健康に戻ったうさぎもいるそうですから、飼い主が受けさせようとしたら黙って受けてやってもよいのかもしれません。

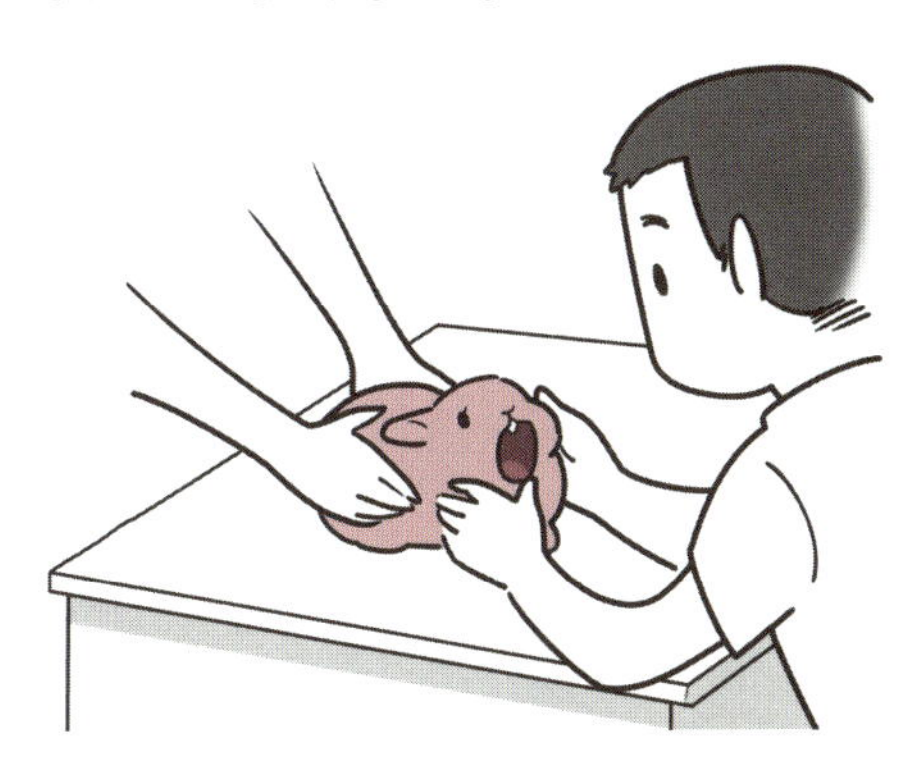

ひとやすみ

鼻ピク

ジャイコちゃん寝てる――
目はあいてるけどお鼻がとじてるから
気持ちよさそう
すー
あ！
まるでお鼻が動いてるみたい
ふよ
ふよ
あれれ……なんだか……
ジャイコちゃんとちょうちょを見てたら眠くなってきちゃった……
すぴ～

掘る

このへんにお宝があるらしいよ！
ほんとか！
オレたちで掘り当てようぜ！
ホリホリホリ
ホリホリホリホリ
ホリホリホリ
掘れないね……
カタイな……
まだまだ青いな……
フフフ…
フローリング

6章 うさぎ雑学

知ってトクするうさぎのマメ知識。
今日からあなたも、うさぎ博士!?

なんで「うさぎ」ってよび名なの？

＃雑学　＃名前

「うす毛」が語源という説も……

由来ははっきりしていませんが、干支で「卯」とあるように、平安時代ごろまでは「う」だったそう。明治期には「うさぎ」とよばれていたようです。仏教徒がうさぎを鳥の仲間だから食べてOKにするために、「う」に鳥の「さぎ」をくっつけたとか、諸説あります。

その中でもどうかと思うのが、「うす毛」が訛ったという説。わたしたちの毛、うすいでしょうか？　これは、もしかしたら毛皮をとるときに皮が破れやすいことからついたよび名かもしれません。

飼い主さんへ　小学校で、うさぎの数え方を「羽」と習ったと思います。これも、お坊さんが禁じられた獣の肉を食べたくて、うさぎを鳥とごまかしたことに由来するそう。鳥の肉と似ていたという説も。まあ、わたしたちは「羽」でも「匹」でも、どっちでもいいですけどね。

うさぎが国名になった国

#雑学　#国

アナウサギのふるさとは、スペイン！

アナウサギのふるさとはイギリスだと思われていますが、さかのぼると、実はスペイン出身とわかっています。紀元前1100年ごろ、地中海東岸にいたフェニキア人がスペインを発見し、その地にたくさんのアナウサギがいることに驚きました。そして、今まで見たことがないその動物が自国の岩ダヌキに似ていたことから、その地を「イシェファミム（岩ダヌキの土地）」と名づけます。イシェファミムは、ラテン語のヒスパニアになり、英語名のスペインとなったのです。

飼い主さんへ　ウサギ目の化石で最も古いものは、アジアと北アメリカの始新世後期（約4000万年前）の地層から見つかっています。飼育の始まりは、フェニキア人との記録もありますが、紀元前750年以降のローマ時代に食用として飼育されたのが始まりのようです。

日本にうさぎが来たのはいつ？

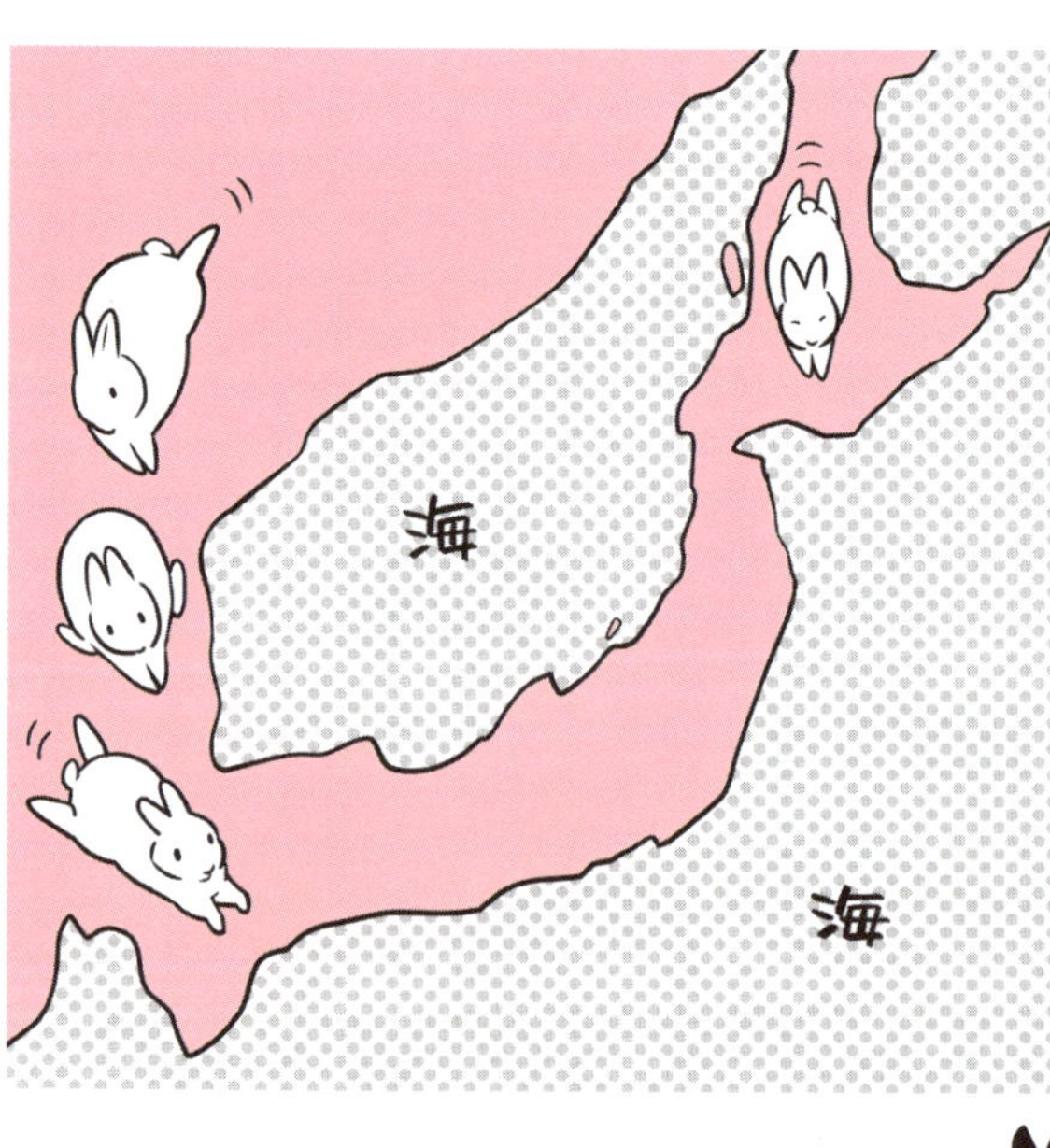

「カイウサギ」が日本に伝わったのは室町時代

縄文時代、日本ではノウサギを食べていたようです。うさぎが文献に登場するのは、あの有名な『古事記』（712年）の中のこと。「稲羽（因幡）の素兎（白兎）」の物語に、ワニをだまして海を渡ろうとして赤裸にされてしまううさぎが出てきます。室町時代の天文年間（1532〜1555年）には、「カイウサギ（アナウサギ）」がオランダから伝わります。明治時代になると、アメリカやヨーロッパ、中国からカイウサギが多く輸入され、ブームとなりました。

飼い主さんへ　明治初期のうさぎ熱は異常なほどで、当時うさぎ1匹が車の値段と同じくらいで売買されるほどでした。明治6年の12月、政府はうさぎ1匹につき1円という当時としては高額な「うさぎ税」を課し、そのブームは一気に終息していきました。

Column

日本にすむ、いろいろなうさぎ

現在ペットとして飼われている「カイウサギ」はアナウサギの子孫ですが、日本には4種類の「野生のうさぎ」がいます。

ノウサギ

本州、四国、九州など、日本全国に分布する。正式には「ニホンノウサギ」といい、日本にしかいない。雪が降る地域では、冬に白毛に変わる。

ユキウサギ

ユーラシア大陸北部の、冬に積雪がある地域に分布している。日本には、北海道に生息する「エゾユキウサギ」がいる。

エゾナキウサギ

シベリア一帯に生息するキタナキウサギの亜種で、北海道の山中などで暮らす。岩のすき間に巣を作って、ひんぱんに鋭い鳴き声を上げる（23ページ）。

アマミノクロウサギ

日本固有種で、特別天然記念物に指定されている。奄美大島と徳之島に生息。耳は短く、後ろ足も長くない原始的な形をしている。

ぼくたちはアナウサギだった

＃雑学　＃アナウサギ

アナウサギの子孫だから人と暮らすことができる

現在ペットとして飼われているうさぎにはいろいろな品種が存在しますが、そのすべてが「アナウサギ」の子孫です。ホーランドロップなどの垂れ耳や、アンゴラなどの長毛種も、すべて「アナウサギ」を品種改良した結果、生まれた品種です。

アナウサギは、巣穴で集団生活を送る動物で、人とともに暮らすのに適していました。ローマ時代に家畜として飼われ始めましたが、より美しさや飼いやすさを追求し、現在数多（あまた）いる種が誕生したのです。

飼い主さんへ　もしかしたら、「ノウサギ」を猫でいう「野良猫」のようにイメージしている人もいるかもしれませんが、「アナウサギ」と「ノウサギ」は、学名も違う別の動物です（左ページ）。ノウサギをはじめ、野生種は人にはまずなつきません。

Column

アナウサギとノウサギはどう違う?

分類上、哺乳綱(ほにゅうこう)ウサギ目ウサギ科は、45種類に分けられていて、ノウサギ属には22種、アナウサギ属には4種がいます。飼い主は「人間」で、哺乳綱サル目のヒト科ですが、分類学上はオランウータンと一緒。……なんとなく、アナウサギとノウサギが全然違うということがわかっていただけたでしょうか。

ノウサギは、巣穴をもたず、常に敵がいっぱいの中をたった1匹で逃げながら生活をします。しかし、アナウサギは巣穴をもち、集団をつくって暮らします。だから、社会性もあるため、人とも暮らせるのです。

ノウサギ

- 巣穴をもたない。
- 生まれた赤ちゃんは、毛が生え、目と耳も発達している。
- 生後すぐに動くことができる。
- 基本的に、単独で生活。
- 耳が長く、後ろ足が長い。

アナウサギ

- 巣穴をもち、日中はそこに隠れている。
- 赤ちゃんは毛のない状態で生まれ、目も耳も未発達。
- 巣穴で出産し、そこで子育てをする。
- 耳はそれほど長くない。
- グループで暮らす。

#雑学　#耳

耳が長いのは何のため？

ナキウサギをヒントになぜ進化したのか考えてみよう

うさぎといえば長い耳ですが、原始的といわれるナキウサギの耳は短い。それはなぜでしょう？
ナキウサギは、岩場で生活をします。一方、我々の先祖のアナウサギが暮らすのは草原です。比べると「見晴らし」が全然違うはず。見晴らしのよい岩場で暮らすナキウサギは、敵に気づきやすく、鳴き声でなわばりや危険を知らせることができます。一方、見晴らしの悪い草場で暮らすアナウサギ。長くてよく聞こえる耳がなければ、きっと即アウト！　でしょうね。

飼い主さんへ　アナウサギは巣穴に隠れるので、ノウサギに比べると耳は短いそう。また、耳には体温調節の役割もあります。走って体が熱くなると、耳にあるたくさんの血管（表面近くにあって冷やしやすい）を通り、冷えた血液で、全身の体熱を下げる役目もしています。

うさぎはむし歯になる？

#雑学　#むし歯

野生動物は、むし歯にならないのに……

むし歯は、原因となる細菌が砂糖や果糖を食べて、酸をつくり、歯を溶かすことで起こります。自然界にあるものはそれほど過剰に糖質を含まないため、野生動物は普通はむし歯になりません。うさぎが食べる植物などにも糖質はありますが、ほんのわずかです。しかし、人がうさぎに与えるペット用のスナックや、果物の量が多ければ、むし歯になります。うさぎの歯は伸び続けるので、むし歯になっても問題ない？　いえいえ、むし歯は歯根膿瘍（しこんのうよう）などの原因になりますよ！

飼い主さんへ

「歯根膿瘍」とは、歯根（歯の根がはまっている部分）に膿（うみ）がたまって腫（は）れた状態。痛みをともない、うまく食事がとれなくなります。うさぎの体は、常に食べて腸を動かしていないと変調をきたすため、ただのむし歯、ただの歯根膿瘍ではすまされません。

いちばん古い品種って？

＃雑学　＃品種

アンゴラは、最も初期のイギリス種のひとつ

15～16世紀ごろにうさぎを飼う文化が広まると、人間は観賞用にめずらしいうさぎを開発するようになりました。イギリスでは、愛好家が集まるうさぎクラブが結成され、あちこちで品評会が開かれて、たくさんの品種が改良されていきます。最も初期の品種のひとつとしてアンゴラウサギが挙げられますが、開発者は不明で、18世紀前半のトルコのアンカラが発祥の地とされています。ちなみにわたし、ヒマラヤンという品種ですが、発祥不明の古い品種とされていますよ。

飼い主さんへ　アンゴラの上質な毛は、アンゴラウールとして使用されます。ふさふさの毛の手触りは最高ですが、そのぶん手入れは大変。アンゴラとかけあわせることで、その後いろいろな長毛種が生まれましたが、長毛種は人の手によるお手入れが必須です。

ロップイヤーのご先祖さまは？

#雑学　#ロップ

垂れ耳うさぎは突然変異により生まれた

うさぎには立ち耳派と垂れ耳派がいますが、垂れ耳さんの総称が「ロップイヤー」です。さて、ホーランドロップやフレンチロップなど、いろいろな垂れ耳さんがいますが、いちばん初めはだれかというと……イングリッシュロップです。あの床に届くほどの超長い耳を見れば、うなずけることでしょう。イングリッシュロップも、最も古い品種のひとつといわれ、1700年にはいたそうです。品評会では耳が長いほどよいとされていて、ギネス記録は79センチとのこと！

飼い主さんへ　ロップ系は、耳が蒸れやすく（148ページ）、暑いときの体温調節が苦手なので、飼い主さんは気をつけましょう。たまに、耳で顔を隠していると きがありますが、立ち耳が音のする方向に耳を向けるのと同じように音源を探っているのです。

お風呂に入ってもいい？

＃雑学　＃お風呂

入っていいわけがありません！

うさぎの体はにおいがしませんし、健康であれば汚れることもないので、お風呂は不要です。熱いお湯に入って体温が上がりすぎたり、濡れて体が冷えたりすれば命にかかわります。また、犬のように体をブルブルさせて水分を飛ばすという芸当もないので、体が乾かず大変なはず。

なぜ、お風呂に入りたいと思ったのでしょう？　もし、何か原因があっておしりが汚れているなどであれば、そこだけを飼い主さんに洗ってもらってください。

飼い主さんへ　おしりが汚れてふいただけではキレイにならないときは、全身を洗うのではなく、洗面器に適温（41℃くらい）のお湯を用意して、おしりだけ洗ってあげてください。体が汚れるのは、環境か病気など原因があるはずなので、原因をつきとめましょう。

ほかの動物と仲よくできる？

＃雑学　＃天敵

一緒にいると、「仲間」と勘違いすることも

どんな動物でも、赤ちゃんのころから一緒に飼われると、お互いに仲間だと思いこむことがあるようです。つまり、相手がライオンでもトラでも、実は仲よくなれるかもしれない……ということ。絵本のようにメルヘンチックな感じがしますが、実際はどうでしょう。片方がおとなだと、事故は起こってしまいます。うさぎが好んでほかの動物と暮らすことはないので、飼い主さんの事情でほかの動物と暮らすことになったら、特に牙のある動物や猛禽類などには気を許さないで！

飼い主さんへ　わたしたちは、敵と対峙したときに戦う術をもちません。本来敵の動物と一緒にいるのは、ストレスになる場合が多いです。個体差があるので気にしないうさぎもいますが、その場合でも、飼い主さんは絶対に目を離すべきではないでしょう。

うさぎの巣穴ってどうなってるの？

#雑学　#巣穴

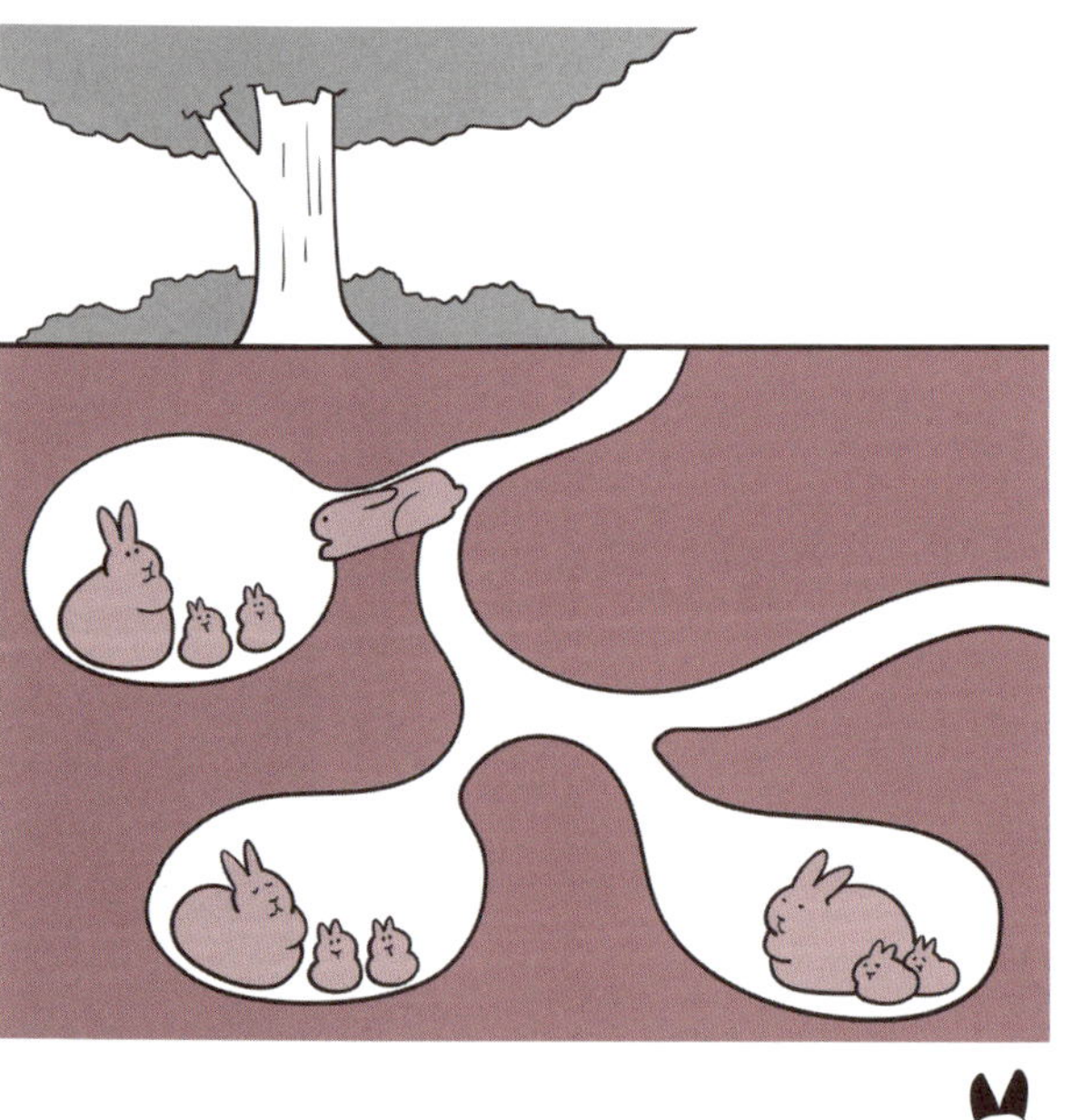

「ワレン」という巣穴で集団生活をします

うさぎの集団生活には、優位のメスと劣位のメスが同居し（39ページ）、巣穴の中は「大奥」みたいなのかしら……とか、気になりますよね？　巣穴の中は、寝室や居間などいくつかの部屋に分かれていて、それぞれがトンネルでつながっています。出産するときは、普通は近くに別の穴を掘って、安全な部屋で子育てをしますが、メスどうしはお互いを許容し合うゆるーい感じです。上下関係といっても、犬や人間の体育会系のようなきっちりしたものではありません。

飼い主さんへ　うさぎの争いは、「場所」を守るために起こります。オスならば、ほかの個体よりも優位に立てる場所（掘りやすいけど崩れにくい地盤とか）を守りたい。オスどうしの序列は、繁殖をめぐって地位を確立しなければならないので、もう少しシビアです。

Column

うさぎの LOVE×LOVE大作戦

グループの中のメスが発情すると、ボスのオスうさぎは、尾を立てて、メスのまわりを飛び跳ねたり、オシッコをふりかけたりします。これがうさぎのプロポーズです。メスもOKなら、尾を立てて飛び跳ね、やがてうずくまっておしりを持ち上げます。すると、オスはメスに飛びついて、交尾をします。うさぎの交尾は素早く、30秒くらいで終わります。交尾した後、オスは横や後ろに倒れ込みます。うさぎは交尾排卵なので、交尾が成功すれば、赤ちゃんが生まれます。

交尾後、メスはなわばりの中のどこかに穴を掘り、そこで出産をします。普段生活する巣穴から離れた場所で子育てをするのは、敵に子どもを狙われないための工夫です。優位なメスは、より安全な場所（高い場所とか）に子育てする穴を掘ることができます。

青い瞳のうさぎって？

#雑学　#瞳

それは「ブルーアイドホワイト」の子でしょう

うさぎの目の色は5種類。ブラウン、ブルーグレー、レッド、マーブル、そしてブルーがあります。ブラウンは、黒っぽく見えるナチュラルアイといわれる色。ブルーグレーは、虹彩（こうさい）（黒目といわれる部分）のまわりがグレーで、マーブルは虹彩のまわりがうすいブラウン。レッドは虹彩が赤で、まわりがピンク。ブルーの目は、虹彩もまわりもブルーです。目の色は、体の毛色とも関係があり、ブルーの目の子は一般的に白い毛色で「ブルーアイドホワイト」とよばれます。

飼い主さんへ 日本では、うさぎというと白い体に赤い目のイメージがありますが、このうさぎは「ルビーアイドホワイト」とよばれます。わたし、ヒマラヤンは、毛色は白×黒かブルー、チョコレート、ライラックの4パターンがありますが、全員目の色は赤です。

Column

月になったうさぎ

日本人にとって、昔からうさぎと月は結びつくイメージがあるようです。それはどこからきたのでしょう?

中国では、古くから月にうさぎがすむと信じられてきたようです。それが日本に伝わったのかもしれません。また、仏教の説話を元にした「今昔物語」では、帝釈天(たいしゃくてん)がおなかを空かせた老人に姿を変えて、さるときつねとうさぎの前に現れ、老人を助けたくて自らの身を食料として差し出すために焼身したうさぎを、帝釈天が月に送ったという話があります。

そんなふうに、うさぎを「神格化」する話が日本には多くありますが、一方で「カチカチ山」では、ずるがしこい一面を見せるうさぎも存在します。「ギャップがあるほどモテる」って、このことでしょう。

UsaGaku Test

○か×で答えよう

ウサ学テスト －後編－

前編に続いて、4〜6章を振り返ります。

目指すは満点のみ!

第1問	耳をつかんで持ち上げると うさぎはおとなしくなる。	[　　]	→ 答え・解説 P.105
第2問	うさぎは寂しいと 死んでしまうというのは、作り話。	[　　]	→ 答え・解説 P.115
第3問	うさぎの群れにはリーダーはいない。	[　　]	→ 答え・解説 P.119
第4問	飼い主のまわりを グルグル回るのは、威嚇の意味。	[　　]	→ 答え・解説 P.129
第5問	飼い主の体の上に乗るのは 優位性のアピール。	[　　]	→ 答え・解説 P.133
第6問	おしりを向けるのは不満があるとき。	[　　]	→ 答え・解説 P.125
第7問	ブラッシングをやめてほしいときにも 飼い主さんをペロペロする。	[　　]	→ 答え・解説 P.130
第8問	うさぎは夜行性。	[　　]	→ 答え・解説 P.104

第9問 飼い主がいつもと違う様子だと**心配**になる。 [　　] → 答え・解説 P.113

第10問 なでてほしいときには**おでこ**を差し出す。 [　　] → 答え・解説 P.108

第11問 鼻の動きが止まっているときは**寝ている**。 [　　] → 答え・解説 P.150

第12問 うさぎの前歯は**二重**に生えている。 [　　] → 答え・解説 P.152

第13問 うさぎは**むし歯**にならない。 [　　] → 答え・解説 P.177

第14問 健康なウンチは、丸くて**直径1センチ**くらい。 [　　] → 答え・解説 P.157

第15問 **トイレ**ににおいを残したくない。 [　　] → 答え・解説 P.116

11〜15問正解

わたしの授業をよく聞いてくださってありがとうございます!

6〜10問正解

ツメの甘さは野生では命取り、もう一度見直ししてみましょう。

0〜5問正解

いくら平和とはいえ、おのれがうさぎだということを忘れすぎでは……。

答え:1× 2○ 3× 4× 5× 6○ 7○ 8× 9○ 10○ 11○ 12○ 13× 14○ 15×

INDEX

#キモチ

#しぐさ

#生活

#暮らし

#体

#雑学

監修　**石毛じゅんこ**　いしげ じゅんこ

捨てられうさぎの「うさこ」をもらい受け、うさぎの可愛さ、賢さに感銘し、人生をうさぎに捧げる覚悟をする。2011年、うさぎ専用ホテル「老うさホーム『うさこんち』」を開業。以後たくさんのうさぎにまみれて過ごす日々。All Aboutうさぎガイド、愛玩動物飼養管理士、動物取扱業登録責任者。

監修　**今泉忠明**　いまいずみ ただあき

哺乳類動物学者。日本動物科学研究所所長。東京水産大学（現・東京海洋大学）卒業後、国立科学博物館で哺乳類の分類学、生態学を学ぶ。『ハムスターがおしえるハムの本音』（朝日新聞出版）、『おもしろい！　進化のふしぎ　ざんねんないきもの事典』（高橋書店）など、著書・監修多数。

イラスト　**井口病院**　いくちびょういん

長野県出身のうさぎを愛してやまない漫画家・イラストレーター。希望の最期はうさぎに埋もれて溺れ死にすること。主な著書に『うさぎは正義』『ぽぽたむさまのマフマフには敵わない!!!』（ともにフロンティアワークス）がある。

カバー・本文デザイン　細山田デザイン事務所（室田 潤）
DTP　長谷川慎一
執筆協力　高島直子
校正　若井田恵利
編集協力　株式会社スリーシーズン

飼い主さんに伝えたい130のこと
うさぎがおしえるうさぎの本音

監　修　石毛じゅんこ　今泉忠明
編　著　朝日新聞出版
発行者　今田 俊
発行所　朝日新聞出版
〒104-8011　東京都中央区築地5-3-2
電話　(03) 5541-8996（編集）
(03) 5540-7793（販売）
印刷所　図書印刷株式会社

ISBN 978-4-02-333259-1

定価はカバーに表示してあります。
落丁・乱丁の場合は弊社業務部（電話03-5540-7800）へご連絡ください。
送料弊社負担にてお取り替えいたします。